U0383636

室内设计师.50
INTERIOR DESIGNER

图书在版编目(CIP)数据

室内设计师. 50，回顾 /《室内设计师》编委会编
. — 北京：中国建筑工业出版社，2014.12
ISBN 978-7-112-17598-7

Ⅰ. ①室… Ⅱ. ①室… Ⅲ. ①室内装饰设计－丛刊
Ⅳ. ① TU238-55

中国版本图书馆 CIP 数据核字 (2014) 第 289952 号

室内设计师　50
回　　顾
《室内设计师》编委会　编
电子邮箱：ider2006@qq.com
网　　址：http://www.idzoom.com

中国建筑工业出版社出版、发行（北京西郊百万庄）
各地新华书店、建筑书店 经销
上海雅昌艺术印刷有限公司 制版、印刷

开本：787 × 1092 毫米　1/16　印张：14　字数：560 千字
2014 年 12 月第一版　2014 年 12 月第一次印刷
定价：80.00 元
ISBN978 -7 -112 -17598-7
（26804）

目录

CONTENTS

回顾
REVIEW

2006年春天，时任中国建筑工业出版社社长的赵晨出差去南京，在做调研时发现当时室内设计正值蓬勃发展之际，这个行业必大有可为，于是从南京到上海之后就与上海工作室商量酝酿做一本室内设计方面的连续出版物。因为出版社当时已经有一本出版多年且在业内很受欢迎的杂志《建筑师》，经过反复讨论与权衡之后，将这本连续出版物的名字定为《室内设计师》。第一本《室内设计师》出版于2006年10月，我也在毫无准备的情况下出任了《室内设计师》的主编。

那个年代，室内设计方面的媒体除了南京林业大学出版的《室内设计与装修》，还有美国《室内设计》中文版，面向大众的时尚媒体有《时尚家居》、《家居廊》和《缤纷》等。在杂志初创时期，考虑到我社的特点，我们将《室内设计师》定位于专业的、学术的出版物，希望在内容的深度上区别于现有的杂志。翻阅过往的《室内设计师》，我们不仅有对热门话题的深入报道，也有精彩项目的现场对话；我们不仅有对人物的深入采访，也有对教育改革的详细记录。每一期我们都有对重点项目的详细解读，从建筑、室内、景观全方位地对项目做整体的介绍。正如《室内设计师》，扉页上所写的四个词，灵感、过程、方法、结果，《室内设计师》想呈现给读者的是好的设计作品的诞生过程，是成功设计师成长的经历，与读者分享的是设计理念、设计方法，是设计实践中得到的经验和教训。

我们始终认为，室内设计和建筑设计是密不可分的，室内设计的重点在于空间而不是装饰。所以这么多年来，我们在挑选作品时始终秉持着这一原则。中国的室内设计相对于建筑设计来说比较年轻，建筑设计和建筑教育中很多成熟的经验是值得室内设计借鉴的，同时，在设计过程中，两者也有很多的交集和合作。为此我们也开展了很多室内设计师和建筑设计师之间的交流活动，并且也因此带动了很多优秀建筑师和优秀室内设计师之间的合作。

室内设计是一门涉及很多领域的综合学科，先进的技术、材料、建构方式都会影响设计的结果，同时室内设计也是一门与人的体验密切相关的学科，尺度、色彩、肌理等都影响着最终使用者的感受。所以《室内设计师》也会及时报道这些有关的成果和信息。

媒体除了传播自己的思想还有促进交流的作用。这些年除了举办一些大型学术讲座之外，更多地开展了一些小型而深入的学术交流活动。2009年9月，《室内设计师》作为国内第一本应邀参加巴黎家居装饰博览会的室内设计专业刊物参加了展会，在展会中开辟了展示中国当代室内设计以及中国当代室内设计类读物的窗口，并组织设计师与法国同行进行了交流，为中国设计师与国外设计师的交流搭建了平台。

记得《室内设计师》创办初期，在2006年中国建筑学会室内设计分会的年会上，我们举办了《室内设计师》与室内设计师的学术交流活动，周家斌秘书长发来的贺信中写道：希望《室内设计师》不仅能及时将国际室内设计界最新的理论、方法介绍给中国的设计师，同时也要如实地将中国室内设计发展的全过程记录下来。将中国室内设计的成果展示给世界、更要把中国的设计师推向国际舞台。没想到，这个愿望今天变成了现实。我们刚刚和瑞士伯克豪斯出版社达成了协议，将从已经出版的《室内设计师》上选取近年优秀设计作品结集出版，并在今后定期为该出版社提供作品，出版《中国建筑和室内设计年鉴》。能为中国设计师走向世界出一份力我们感到非常欣慰。

本期《室内设计师》是我们出版的第50本，我们约请了几位业界专家从不同的角度对中国建筑和室内设计的发展及设计教育进行了回顾与展望，选取了20位活跃在一线的优秀设计师进行采访，对他们近十年的工作进行了回顾，我们希望通过一个个鲜活而具体的范本，来呈现这个行业这些年来发展的历程。

《室内设计师》能坚持走到今天，始终如一地坚持着专业性和学术性，与出版社强大的经济支撑和大力支持是分不开的。也感谢始终在学术上支持我们的设计师们，感谢厚爱着我们的读者和曾为《室内设计师》工作和在为《室内设计师》工作的伙伴们。

在网络高度发展和商业纷繁的今天，我们会努力坚守那份理想和信念。

徐纺

ID 邹老师，下期是我们《室内设计师》50期特刊，我们想对室内设计行业做个回顾。您担任室内分会理事长是在2006年，刚巧我们创刊也是在2006年。在这不到十年的时间内，中国的室内设计行业发生了很大的变化，我想请您谈谈对这些年整个室内设计行业的总体看法。

邹 我觉得中国的室内设计是慢慢成熟了，从一个起步阶段，慢慢走到了另一个层次，无论是设计的实践还是设计的理论都有很大的发展，整体水平提高了，学会组织工作方面，也有很大的提升。你看看以前的作品可能觉得都是很落伍的，原来只有几个人做得还可以，现在整体的水平提高了。像以前刮什么港台风啊、欧陆风啊，现在谁还管这个，不会再去追这种风了。

ID 中国设计师的设计水平近些年有了不少提高，那您觉得他们和国外设计的差距主要在哪里？

邹 距离我觉得还是存在的。可能你猛一看觉得差不多，但是仔细一想，原创还在人家那儿。我觉得室内设计不仅仅是视觉上的，还有很多值得深入的内容，有很多是技术上的，这方面我们比人家要欠缺。大专院校应该加强这方面的研究，我们的教育委员会、我们的学校要更好地发挥作用。比如每次年会的论文集，我是不太满意的。但是没办法，事实就是这个情况，你请设计师写篇文章，他会写成设计说明书，很难有所提高。虽然很多实际工作还是提高了，也有做深入的人，但是他提不到理论上来。他总结不出来那个点，而且好多是把国外研究的东西，揉揉就变成自己的成果发表，所以这方面还是蛮欠缺的。

ID 这些年，我们也欣慰地看到，国内设计师不仅仅埋头关心设计，也开始关注社会，关注设计师的责任感，也有人针对设计界的不良之风提出了批评，您怎么看待这些现象？

邹 我觉得有讨论是好事，我非常喜欢看争鸣的文章，还非常喜欢看访谈，能够讨论这些东西呢，对大家的水平提高还是有好处的，会引发大家的思考。

ID 现在的设计师比起十年以前，更会包装和宣传自己，您怎么看待这个现象？

邹 我觉得包装还是需要的。但是也不能过度。毕竟设计师是靠设计来说话的。

ID 您在学会的这些年，学会始终坚持着走学术路线，组织了很多高质量的学术讲座，《中国室内》也越做越好，亦开展了很多学术活动。同时学会年会的形式、内容也发生了很大的变化，变得更加丰富和活跃，比如增加了文化雅集、设计跨界的场外展等等，您对于这些跨界活动怎么看？

邹 我觉得这些活动很好，是专业需要。要把专业搞得更好的话，我们必须要有跨界，或者应该说设计师需要有更广泛的知识，我们要更好地从生活中汲取养料。我始终认为：设计来自生活，设计为了生活。

ID 您觉得目前学会工作哪一块是比较欠缺的？今后工作的重点在哪里？

邹 我们学会的宣传工作要加强，除了《中国室内》，我们的宣传方式应该是适合这个时代的。要改变我们以往的思维和方式。要有一些讨论，要有一些争论或者交锋。另外广泛地团结各种各样的力量、积极发展新生力量是我们现在和将来的工作重点，因为他们才是设计的未来。我希望，将来中国室内设计发展历史上，我们学会应该占据一个相当重要的地位，我们带动和引领了我国室内设计的发展。

ID 您对中国设计师有些什么希望？

邹 我是希望将来我们能够更好地走向世界，现在条件是很好的，有很多机会。我希望将来能够有中国的设计师走出去，如果有人能引领设计潮流就更了不起了。还有一个就是希望中国的设计师能好好地研究我们民族的东西、中国的东西，希望能有真正中国风格和中国精神的好作品诞生，而不是符号的堆砌。

ID 您对我们杂志有些什么期望？

邹 我很喜欢看你们杂志，我觉得你们杂志是很深入的，而且能够把建筑和室内结合得很好。这跟我自己出身建筑也有关系，而且你们也有访谈、解读等比较深入的栏目，不是光案例介绍，还有技术、材料等方面的内容，希望你们能坚持下去。END

我写这篇文章的时候，正是在去北京参加北京设计周期间，整天看设计，讲设计，讨论设计，自然联想特别多了。对我个人来说，最令人欣慰的一个活动是在国家博物馆举办的中国国际设计博物馆包豪斯藏品展，国际博物馆是在杭州的中国美术学院的博物馆之一，他们曾经在三年前收藏了一批数量上千的包豪斯原作。这次送到北京展出的是其中最珍贵的300多件，包括了欧洲现代设计几个重要阶段代表人物的设计原作，比如新艺术运动（Art Nouveau）、德国的“青年风格派”（Jugenstil）、德意志制造同盟（Werkbund），以及包豪斯学院几乎所有重要大师的设计作品，包括沃尔特·格罗皮乌斯、马塞尔·布劳耶、密斯·凡·德·罗、康定斯基等人在内。

之所以感到欣慰，纯粹是我自己个人的经历造成的。我是比较早向国内读者介绍包豪斯的作者之一。1980年代，在各个院校中介绍包豪斯，处境颇为艰难，我遭到很强烈的反对。当时，要树立现代设计的理念是十分困难的事，我们需要树立一面旗帜来宣传。因此，在我们这一代人的观点中，“包豪斯”其实不是一个德国的设计学校那么简单，而有点“现代设计”代言人的含义。起码，在1980、1990年代，我们开始推动中国现代设计教育发展的时候，不少同行是这么认识的。

1980年代，我在国内很多院校讲学，宣传包豪斯，其实是借包豪斯来煽动学生对现代设计的热情。当时，不仅是起到这个效果，并且在许多院校引起学生狂热的欢呼和支持。那些讲课中，扎实的学术内容仅占一部分，另一部分是渲染过的宣传。当时，各大院校中都有一批人用传统工艺美术的理念来抵挡现代设计教育，所以让人热血沸腾的宣传是必要的。

当时我才30岁出头，走遍大江南北，讲座的规模总是超过千人。在讲座中，我讲包豪斯的历史，讲格罗皮乌斯的成就，讲阿尔玛•马勒的浪漫情事，讲德绍的校舍设计，讲党卫军封闭包豪斯，讲纳粹举办的“黑画展”，七情六欲全在讲话中，听众情绪波涛汹涌，感觉是在讲政治。那种讲学，具有强烈的煽动性。从1982年至1986年，基本上树立了包豪斯大旗，并用它包裹着现代设计前行。对于我、对于当时的那些听众来说，“包豪斯”是“现代设计”的旗帜，也是“现代设计”的代名词。突出包豪斯对现代设计的影响，往往有把包豪斯的作用和意义夸大宣传的倾向。在1980年代初期的“保守”势力面前，这种做法并无不妥。

之所以感触良多，是当初我曾经为之努力的包豪斯设计，今日居然在国家博物馆展出，并且我还参加了开幕式。9月29日在国家博物馆的包豪斯研讨会上，我做了一个简短的发言，没有谈我已经讲了几十年的包豪斯内容，而是谈在中国人们认识中的三个“包豪斯“概念：早年夸大的“包豪斯”，目的是要争取现代设计的存在权；早年把包豪斯的基础课作为推动设计教育的，混淆了的“包豪斯”；还有一个是被人认为成为历史遗址的、僵化的“包豪斯”。其实，我所讲的并没有对任何一方面的批评，而是一种对于中国现代设计发展的感触、感叹。

在北京设计周的时候，恰恰要写这篇关于《室内设计师》50 期特刊的专栏，这两件事放在一起，使我联想到中国室内设计的迅速发展，如同包豪斯一样，当初室内设计起步的时候也是极为艰难。1980 年代，室内设计在国内刚刚开始形成，无论从数量、层面、类型、深度、质量、品格、品位来看都非常粗糙和初级，一般人的家庭根本谈不上什么设计和装修，就是在宿舍里面添家具而已。家具品种也缺乏，当时时兴自己找人动手做家具。

1980 年前后，北京东华门那里的特供商店进口了一批罗马尼亚的橡木家具，非常精致，我认识的好多中央工艺美术学院的老师家里都买了。短短的一两个月内，好像整个北京的文化圈、设计圈的人都在谈那些家具，给我留下很深刻的印象。物资的匮乏和稀缺在室内设计中显得极为突出。这种情况在 1990 年代有巨大的改变，国内室内设计界从接受自香港、台湾涌入的室内设计概念，再发展到参与国际合作、国际设计，水准提高得非常迅速。二十多年来，特别是最近这十年来，国内室内设计水平提高得特别快。如果一个人出国二十年，现在回来看看，真是有恍如隔世的感觉。

一个人从一岁到十岁，可是不得了的大变化，一岁是牙牙学语，十岁则已经开始奇思异想了；从童年到了青年；等你的岁数越来越大，十年也越来越多，阶段感觉就越来越不同。一个人在八十岁回忆七十岁，肯定没有一岁到十岁的记忆来得巨大。当你看见一个孩子从一岁长大到十岁，变化巨大，一本刊物，从开始到十年也是这样。《室内设计师》九岁了，这可是一个重要的阶段，它记录和承载了中国室内设计发展的最新历程。在这个时刻，我们做设计的人都很有感触，因为这几年中国室内设计的变化实在太大了。

我属于那种整天出差的人，住过很多酒店，对酒店室内设计有比较高的敏感度，而这二十年来，特别是最近十年来，国内星级酒店的发展让我感到瞠目结舌。1980 年代很多城市都没有符合国际水平的酒店，我记得 1983 年到合肥的中国科技大学讲课，安排住在一个市内比较好的酒店里，水平就是旧式招待所的升级版而已，浴缸是马赛克镶嵌的，积垢层层，几乎不想在那里洗澡；那几年去西安、去兰州、去重庆出差，也难以见到国际级别的酒店。而现在，到处都有相当高水平的酒店，不仅东部的城市，就是边远小城，酒店设计水平也都相当不错。早些年的室内设计精力集中在酒店大堂和餐厅上，集中在炫耀的亮点上，往往以壁画、雕塑这类艺术品来突出水平，在空间布局、功能分配、照明设计、国际标准化的应用方面则相对落后，而现在则是整体水平的提高，不再是简单的室内装饰，而是真正的室内设计了。

最近十年来，我感觉到室内设计真正的飞跃是完成了从装饰到设计的过程。1980 年代我们习惯说“室内装饰”，设计师的工作就是给建筑内部配家具、墙纸、地毯，再点缀一些艺术陈设品，对于空间布局、功能分配、照明通风基本没有考虑。“装饰”是当时对设计的基本概念：只有书籍装帧，没有书籍设计；只有产品装饰，没有产品设计；只有室内装饰，没有室内设计。国内现在最重要的设计刊物之一是原来中央工艺美术学院的《装饰》，就是那个时代的痕迹的记录。而当时谈到设计，普遍认为是“美化”工作而已。

1980、1990 年代，中国经济发展速度越来越快，室内设计项目数量也与日俱增，但是“装饰”为主的思路却变化不多。那种情况并非中国特有，在西方国家，室内设计也是长期以来被视为室内装饰，西方定义“室内设计”，长期以来也是“建筑的室内装饰的艺术或者程序”（the art or process of designing the interior decoration of a room or building），《品位家居》（The House in Good Taste）曾经是美国重要的室内设计刊物，早期具有影响力的室内设计师其实是我们现在叫做“软装”装饰师的埃尔斯•德•沃尔夫(Elsie De Wolfe)，英国著名的室内设计师也是做室内装饰的，叫赛里・毛翰（Syrie Maugham），这两位都是女性，对于面料、家具的选择有独到之处，并且主要是做家庭室内装饰。直到最近，室内设计这个概念才逐渐被视为一个综合性的空间功能、使用功能、装饰元素组合的活动，才被视为一个完整的建筑的要素。室内设计也被视为一项综合性的设计，是室内设计把建筑设计、工业产品设计、平面设计融合起来，构成了我们生活、工作、娱乐、休闲的空间。

可能和市场经济过程有关，西方的室内设计职业是从家居开始的，以家居为中心的室内设计，比较讲究舒适性，形式在很大程度上服务于舒适性；从发展来看，国内室内设计的顺序则有些不同，是从公共、商业空间开始的。因为目的是满足公共空间的标志性、商业空间的炫耀性需求，因此在对于形式和舒适顺序上有一个时序上的不对等阶段。很长时间以来，我们的室内设计更加讲究形式亮丽，这种做法往往会在某个时段以牺牲舒适性为代价，而现在室内设计的进步,则是这个顺序上有了变化。2000 年前后，我在国内看过不少商业和公共室内设计的大项目，都偏向尺度宏大而缺乏亲和，那些时候的五星级酒店好多只能称为“类五星级”(quasi-five-stars)，还没有完全和真正的国际五星级接轨。2008 年举办北京奥运会期间，我去北京公干，连续住了几个大酒店。当时估计因为控制比较严的原因，酒店人不多，我也就有时间仔细地观察这些酒店的室内设计。这些酒店多半有概念化、追求较为抽象“中国风”的情况，并且是普遍情况。而这几年我再去北京公干，好几家完全国际化的大酒店不但设计、空间、软装、装饰、卫浴设施、文具组合、无线网络上网速度都达到甚至超过国外旗舰店的水平，并且在一些日常不易注意到的细节上，比如卫浴的各种洗漱用品的种类选择、房内灯开关控制界面的重新布置，都值得称赞。与此同时，其他等级的酒店也有相当大的提高，像经济型酒店、精品设计酒店，和国际接轨的速度非常快，这些变化也都是在短短的十来年完成的，令人欣慰。

这些年大型公共设计越来越多，高铁车站、大型国际机场、长途车站，巨型交通枢纽、购物中心、娱乐中心、公共和政府建筑物，虽然有一部分依然明显地“奇奇怪怪”，但是室内设计的水平也提高得非常快，除了少数在导识系统上有比较大的缺陷之外，空间使用上应该都达到了国际要求，体量一般都比西方的还要宏大，流量也更加惊人。这些室内设计，是中国室内设计十年的成功标志。

过去的十年，我们一方面开始真正深入地了解、认识什么是符合国际一流的室内设计。随着越来越多品牌连锁企业进入中国，中国的设计事务所、设计师也有越来越多的机会和国际接触，现在国内的“四季”、“丽兹”、“香格里拉”、“威斯汀”、“W”、“君悦”、“万豪”这类的品牌酒店，基本都是在外国标准的要求下，由国内设计事务所完成的，这种合作过程，是在短期内把国内商业室内设计推到一个无可争议的国际高度的过程。公共建筑在 1990 年代的确走入了一些误区，好大喜功、追求怪异，留下了不少遗憾。到最近这十年，控制项目的甲方越来越成熟、见多识广，不再那么容易为各种国外还处在探索中的试验风格的“奇形怪状”表面所吸引，对于建筑的品质、档次也有越来越高的要求，这种成熟的甲方，是中国室内设计在这十年来进步比较大的一个因素。

一个国家的经济进入成熟阶段，肯定会培养出一个越来越成熟的消费群体，而成熟的消费群体又会反过来推高室内设计、消费品设计的水平，这是一个需求牵引的关系。1980 年代的日本、1990 年代的韩国都经历过这个过程，而在最近十多年内，中国的消费牵动造成的设计水平迅速提高是一个很显著的现象，从简单追逐名牌，到逐步追求真正的品质，是一个巨大的飞跃。这对于中国室内设计的发展肯定是一个重要的推动要素。

《室内设计师》是在这九年中成长起来的专业刊物，记载着近年来中国设计发展的轨迹，我们希望这个刊物在未来更加优秀。END

ID 吴老师，您于20世纪80年代初期就率先提出了环境艺术的概念，能给我们描述一下当时是怎么一个形势吗？

吴 我年轻的时候在南京工学院（现东南大学）学建筑历史，毕业后好不容易留校做老师。当时，浙江美院（现中国美术学院）开始筹备室内设计专业，他们与我联系，我琢磨了一下，自己很喜欢画画，而且论城市环境的话，杭州比南京好。于是，我就去了杭州。结果，我一开始上课，就觉得自己上当了。首先，学校没有室内设计的正规专业。学校招来的生源都是代培生。我离开南工的时候曾经考虑过，室内设计是建筑设计的延伸，这个领域离不开它的母题——建筑。从理论上来谈，不注重环境的建筑本身就不可能健康地存在。所以，我当时推导出一个设计思想：一个界面、两个方面。界面就是墙，圈出建筑的边界，向外是景观，向内是室内，这个“墙”就是建筑。幸好那时年轻，我自作聪明，提出了环境设计的概念。我的想法是，把景观设计这块“提”起来，再做好建筑，形成浙江美院的全新教育体系。校领导很支持我的想法，于是，我就跑到北京去，申请专业，再要求招生名额。

我跑到文化部，文化部说你是“设计”专业就要去建设部申请，于是我再跑到建设部。建设部看到我的申请，就说“环境设计好啊，我们支持”。但批准还要回到文化部，文化部当时的教育司长对我说，“我们跟设计有什么关系”。我着急了。急中生智，我想了个主意，索性把设计去掉改成艺术，就叫“环境艺术”。拿这个名字再去文化部，他们说，“这个名字取得好”。当年，在人力、财力、以及物力什么都没有的基础上，起码争取到了一个同情分。文化部同意批准环境艺术专业，在经过了很复杂的斗争后，这个系终于得到承认。之后，学校终于能够向全国招收环境艺术专业的本科生。

ID 现在各学校的环境艺术教育是否是按照您当初的设想发展的呢？

吴 这个问题我不予评论。不过我的学生，他们是几头都做，做得都蛮好的。夸张点说，在艺术类教育史上“环境艺术”概念的提出，还是不错的一笔，也培养了很多很有成就的学生。

ID 我想这跟当时您提出的环境艺术的观念还是有关系的。

吴 应该是有关的，但主要还是靠他们自己后天的努力。

ID 我想请您谈谈对这些年整个室内设计行业的总体看法。

吴 我想中国的设计还是很有希望的！当下，人才辈出，开始出好作品了。下一步的技术问题是环保技术、环保材料的运用，绿色审美要求与新的生活方式的研究。

ID 您觉得中国设计师的设计和国外设计的差距主要在哪里？

吴 差距这个问题是老问题。民族的命运如此，十几亿人，好不容易才不挨饿、不挨打了，我们的一切仍然在前行的过程中，要求不能过高，不能性急。坦然为好！差距在内心，在自信。别装就好！差距是素质的差距、心态的差距，从自身来看，我中华民族还是有头脑的。

ID 最近有人针对设计界的不良之风提出了批评，也引起了设计界的争论，您是怎么看待这些现象的？

吴 我觉得设计师还是应该好好研究设计，研究与设计有关的技术问题，如果还停留在那些争论上，就会被时代淘汰。

ID 您现在做实践的话，规划、建筑、室内都在做吗？

吴 都在做，比如正在做的深圳大学这个新校区，50万平方米，我就室内、建筑、规划一口气全吞了。我现在变成了我原来没有实现的教育思想的实践者，这也是我职业生命比较长的原因所在。

ID 那您这么多年的实践有一些什么体会？

吴 人还是要有理想的，要执着。人要聚焦，事情是人做出来的，是能做出来的。

ID 我看您一直在强调技术问题，这很重要？

吴 我觉得下一阶段不是讨论艺术问题、风格问题，而是要好好研究：一个地球村，人的生活方式怎么适应新的气候变化，适应新的建设需求，适应这个信息时代，适合大数据时代，适合新的生活方式、商业方式的转变。

ID 那您现在也在做这种研究吗？

吴 当然。我目前研究的是低技术高环保问题。比如，用混凝土能不能把房子造漂亮，能不能把房子造得通风，造得阴凉。从规划上能不能考虑环保问题，而不要等房子造好了再考虑环保。

ID 您对中国设计师有些什么希望？

吴 一个是别装蒜，一个是学习使人进步！另外一个不要眼睛朝外头看，外国信息浏览一下就可以了。不要面向大洋，要面向这块黄土。黄皮肤、黑头发、中国种，你就是中国人，老老实实把中国的问题解决好了就是对中国最大的贡献。

ID 您这么多年也一直从事着设计教育，您怎么看待中国的设计教育，相比30年前有什么变化？

吴 今不如昔，好在大家生活在信息时代，老师不重要，自学很要紧。

ID 您对我们杂志有些什么期望？

吴 坚持就是胜利！END

一、城市与建筑的当下状态

进入21世纪以来，国际经济处在深刻变动的关键时期，经济的全球化给世界发展带来了巨大的推动力，但同时也带来一系列新的问题。在世界多极化、经济全球化的总体格局中，中国在发展模式、发展内容、发展任务等方面发生了很大的变化，面临严峻挑战，而新的发展机遇也包含在挑战之中。2001年11月10日，世界贸易组织第四届部长级会议在卡塔尔首都多哈以全体协商一致的方式，审议并通过了中国加入世贸组织的决定。一个月后，中国正式加入世界贸易组织，成为其第143个成员。加入世贸组织是中国经济融入世界经济的重要里程碑，此后中国经济保持了强劲增长势头。

与全国经济高速发展相应，中国的城市建设和建筑设计市场，依然保持着高速发展的态势，不失“世界最大工地”的名号。然而，尽管自2000年以来不少中国城市和建筑发展迅速，却统统缺少一种当代性，许多正在发展的城市暴露了可怕的问题：我们的新建筑只是一些杂乱无章的堆砌，城市没有一种活力。再者，很多城市把老房子都拆了，旧的街道改造成笔直的大马路，交通却依然堵塞。城市成为既没有当代性又没有历史的综合体，大而无当的综合体。

前些年读《南方周末》的“三峡，无法告别”特别报道，记者南香红的《涪陵：老城的最后容颜》一文写得很感人，如今的记者有这样修养的是真不多了。“现在的涪陵给人的感觉是太新了，处处高楼大厦，在楼群之间能找到多少和历史相关的东西？有多少可以让你发千年幽思的地方？”“这座在历史肩膀上的城，城越来越往上长，脚下历史陈迹在悄然逝去。”“即将失去的将永远失去，城市的传统和气味的形成必须经历上千年的发酵，点点滴滴均是浑然天成，永远无法复制，不同的城市铭刻着不同的历史记忆，蕴涵着不同的文化和风俗。”“而迁移后重盖的所谓新城大同小异，功利的城市效能，全新的砖瓦，茫然的人群，人文上的积淀在哪里？”涪陵、丰都、万州、云阳、奉节、巫山、秭归，三峡的故事还没结束，我们还不能预测新城的未来。我记住的是另一些城市与建筑：舟山定海古城惨遭破坏，北京美术馆后街22号四合院被拆毁……这些又使我们永远失去了多少历史。这么快地摧毁历史，却又创造不出新的历史。一个个毫无个性的建筑，一个个毫无个性的城市。诚然，是新的城市，是新的建筑，但缺乏的是文化的灵魂。

如何评价中国当代城市的发展模式呢？青年学者李翔宁有过如下论述：中国的城市，学习的是西方现代化的模式，可是社会和经济状况的演变使得中国的城市化迅速具有了西方城市化过程所未曾经历过的历程和特点，西方学者正在意识到对于中国当代城市发展模式的研究，或许应当采用不同的标准。是的，如果谈及城市的生态环境和居住舒适度，上海不如温哥华；谈及城市的秩序和法规的完善，上海不如新加坡；就城市文化的丰富性，上海不如伦敦、纽约；谈及城市历史和文化景观的和谐，上海不如巴黎。可是，如果我们换一套评价体系，从发展速度、提供的就业前景、城市景观的生命力和异质性所提供的刺激来看，上述城市没有一座可以和上海相提并论。问题是，我们是否只有一套标准和价值观来评价城市？库哈斯就曾经批评过欧洲城市的虚伪和死气沉沉，而看到亚洲城市的真实和生命力。

在现代化的潮流中，中国的城市和建筑发生了极其巨大的变化。中国当代城市建筑并不是西方现代建筑的翻版，也不是传统建筑文化的“故事新编”，它们是在中国这个特定的空间中产生的当代文化现象，其丰富性和复杂性令所有研究者都无法回避。这是从未有过的城市与建筑的新景观。特别是

1992年以来，中国的城市建设以惊人的速度发展，揭开了城市发展史的新篇章，不断制造出各式各样的新建筑，具有后现代色彩的建筑也时有出现。然而，更引人注目的并不是个体建筑的后现代风格，而是从城市角度来展现的“后现代建筑现象”。这种“后现代建筑现象”既不同于西方的后现代，也与一般的第三世界国家的建筑现象迥异。西方的后现代主义是文化战争的产物，现代主义打倒古典主义，后现代主义则宣布现代主义于某月某日死亡。中国的“后现代”并非一场现代战争，它的多元混杂带有更大的宽容性。各种主义有时并非你死我活，而是兼容并蓄（当然有时也带来折衷主义或者大杂烩式的城市景观，令人大为失望）。中国的城市由于带着东方文明古国传统文化的深刻烙印，它自然也不会混同于一般的第三世界城市。中国的大多数城市都是如此，空间在历史与现实的叠加中变得更为复杂。不同时空状态下各种建筑思潮相互碰撞，也是中国当代文化状态的最真实记录。

在建筑界进行种种探索时，城市街道上流行着商业味十足的快餐店、美发廊、精品店、夜总会、迪斯科舞厅等。这些或许并非出自建筑师之手的作品，却在改变建筑史的书写。它们以花红柳绿的面貌令大众兴奋无比。以北京为例，北京古城中，在革命时代的广场周围，在改革时代的新建筑旁边，又增添了一批“花花公子”，经典的建筑风格被解构，北京城的矛盾性凸显出来，同时也显示出丰富性。

城市与建筑批评家史建曾概括了中国城市十年的十个关键性转变：1. 超大城市与城市群；2. 保护与再生；3. 旧区新生；4. 创意空间再生；5. 新都市人的诞生；6. CBD之梦；7. 新国家主义建筑；8. 速度城市；9. 郊区城市；10. 景观城市与生态城市。在城市更新改造中，整个中国就像一个大工地，新建筑如雨后春笋，这就使中国城市与欧美城市不一样，欧美城市已经定型，中国城市的发展蕴含着各种可能性，中国的新建筑也正是在这种形势下对西方当代建筑思潮作出了充满活力的回应。中国的当代建筑不是一种思潮，不是一种风格，而是新的情境中的生存选择。当然，在大规模的城市改造中，存在的问题极多，无可挽回的败笔常常困扰着人们。但也正是这种困境中的探索，使中国当代建筑显示出顽强的生命力，也体现了特殊的魅力。德里达说过：“建筑总体上凝聚了对于一个社会的所有政治的、宗教的、文化的诠释。”中国当代建筑空间也具有这样的学术意义。

二、全球化与中国建筑发展

总的说来，在过去的13年中，中国的建筑业在经济欣欣向荣的背景下不断向前探索自己的发展道路，伴随着方方面面的发展契机，呈现出繁荣景象，充满着生机和活力。

中国正式加入世界贸易组织后，中国经济与世界经济逐渐融合，对国际资本产生极大的吸引力。经济的高速增长和更加开放的政策，使得中国的对外贸易量也在逐年稳步上升，据海关总署发布的统计资料，2008年中国对外贸易额达25616.3亿美元，比上年增长17.8%。其中出口14285.5亿美元，增长17.2%；进口11339.8亿美元，增长18.5%。贸易顺差2954.7亿美元，比上年增长12.5%，净增加328.3亿美元。2008年，美国次贷危机引起的金融问题不断在全球蔓延，世界经济面临衰退的风险。中国经济增长面临十分复杂与严峻的局面。中国需要在复杂多变的国际、国内形势中，加快转变发展方式，调整产业结构，为可持续发展打下坚实的基础。中国的城市建设也将面临新的改变。

经过申奥的前期准备以及获得主办权后长达7年的建设，2008年8月8日至24日，北京举办了第29届奥林匹克运动会。2008年8月8日晚，在奥运会主体育场“鸟巢”绚丽的焰火中，中国当代建筑史翻开新的一页。“鸟巢”内的开幕式狂欢，同时也是北京当代建筑的盛大庆典。2002年至2008年，北京市用于奥运会相关的投资总规模达2800亿元，其中，直接用于奥运场馆和相关设施的新增固定资产投资约1349亿元。据北京奥运经济研究课题组专家提供的数据显示，北京“十五”期间的全社会固定资产投资将会以年均9%左右的速度增长，5年累计已达8500亿元左右。根据课题组的调查研究，建筑市场容量猛增的局面在“十五”期间表现将尤为突出。北京提出了“绿色奥运、科技奥运、人文奥运”的理念，在具体的奥运工程建设过程中，贯彻落实三大理念成为工程建设者的共识和必然要求。但是已经有专家指出，中国建筑业特别是北京建筑企业将面对奥运建设“高峰”与后期“低谷”的矛盾。由于奥运工程的带动在一定程度上会把北京2010年乃至更长一段时间的建设投资与建设项目“提前支出”，北京的建设高峰将被前移，后奥运阶段的“低谷效应”可能出现。这种情况在其他一些相关城市也会相应发生。

2010年第41届世界博览会在上海举办，以“城市，让生活更美好”(Better City, Better Life)为主题，“城市多元文化的融合、城市经济的繁荣、城市科技的创新、城市社区的重塑、城市和乡村的互动”为副主题，总投资达450亿人民币，创造了世界博览会史上最大规模纪录。“历届世博会不仅成为人类前沿科技的展示场，而且激励着人类对未来美好生活的憧憬，而就建筑而言，更是建筑新思想的催化剂、建筑新理论的演示场、建筑新成果的竞技场。”上海世博会能否成为探讨21世纪人类城市生活创造的盛会和新建筑实验的平台，也是建筑界最关心的问题。

2008年5月12日14时28分，汶川大地震使世界为之震惊。这是中国自1949年以来破坏性最强、波及范围最大的一次地震，地震的强度、受灾面积都超过了1976年的唐山大地震。无数建筑瞬间化为废墟。在巨大的灾难面前，全国同胞紧急行动起来，抗震救灾。中国建筑师与规划师更是积极投身到灾后恢复重建工作中，各大建筑设计院、规划设计院、建筑学院成为灾后重建规划设计的主力。在民间，影响力较大的有“震后造家”、“土木再生”和“易居兴邦，家园再造”等活动。2008年地震灾害是对建筑师的一次发问。怎样进行灾后重建和如何设计出适应地震环境又美观实用的房屋等问题摆在了建筑师的面前。官方或非官方的关于灾后重建的设计竞赛以及建筑师对灾区房屋自发的设计规划，体现了建筑师们的人文关怀，也在一定程度上通过灾难的警醒作用对建筑师的设计理念产生了一定影响。灾后重建“使包括建筑师在内的知识分子获得了一个审视自身角色并进行自我组织的契机”，“大灾在一定程度上为建筑师提供了重建价值观的契机，特别是从宏大叙事降低到微观叙事层面以及向建筑本位的回归”。

在中国建筑市场向国际迈进的同时，对于传统的认知也逐渐引起人们的注意。这不仅仅表现在对于传统建筑的修缮与保护，还表现在对于中国传统建筑系统的研究和借鉴，并延伸至对于具有重要文化意义和历史意义建筑的重视、保护与改建，如北京老城区胡同的成片保护与改造。产业类历史建筑及地段保护性改造再利用也已经成为中国城市发展中亟需解决的问题。

同时，更多的建筑师尝试新材料、新能源在建筑中的运用，绿色建筑、节能建筑开始受到越来越多的关注。这也是在全球范围内对环境问题思索导向下出现的新的发展趋势。建筑设计的手段逐渐走向多样化，其中最突出的是数字建构的发展。建筑师向科学领域进军，探索新的发展方向，借鉴生物、物理、计算机等各个方面的概念和研究方法，拓展了建筑和建筑师的定义范畴。

三、实验与超越

60年来，可以说是那些国营建筑设计院体制下的建筑师塑造了我们的城市与建筑。20世纪90年代以来，特别是2000年以后，有一批中青年建筑师开始对城市空间和建筑空间进行重新诠释。如果说20世纪80年代中国建筑界与当代艺术实验在发展程度上还有一段距离的话，那么到了21世纪，中国建筑界的实验建筑不论是在建筑空间和构筑形式，还是在观念、探索方面，都已经出现一些实例，突出了建筑的实验性，中国建筑创作呈现出多元探索的态势。

在建筑主流之外，还有一批青年建筑师进行着边缘与主流的对话，也从一个侧面体现了当代建筑的创造性与思维的多样化。他们的实验性建筑设计为当代建筑设计赋予了新的意义。在这批建筑师的工作中，设计与研究是重叠的，他们力图突破理论与实践之间的人为界限。虽然这些建筑师的实验性作品在庞大的中国建筑业中显得较为渺小，然而这些作品却表现了人们对于中国当代建筑空间及构筑形态独特性的新体验。中国的实验性建筑，与时下流行的西方后现代、解构主义建筑保持了距离，“它们试图在对建筑潮流保持清醒认识的基础上，以新的姿态切入东方文化和当下现实，以期发出中国‘新建筑’的声音”。中国建筑的实验之所以不能像西方当代建筑实验那样具有更多的“独创性”，是因为中国的现代建筑发展不充分。但针对中国本土建筑现状所做的实验，在中国当代的文化背景下依然具有很重要的学术意义，所以这种历史性的努力还是值得肯定的。

关于实验建筑，《城市·空间·设计》杂志的“新观察”专栏曾推出系列讨论，史建、张永和、朱涛、朱剑飞、金秋野、王辉、王昀和阮庆岳等人针对中国 20 世纪 90 年代以来的实验建筑现象作了精彩的论述。这样集中地探讨实验建筑问题，无疑对建筑界有很多启发。特别是张永和，他经历了 20 世纪 80 年代在美国的“非常建筑”时代、20 世纪 90 年代中期以来在中国的“平常建筑”时代、2005 年出任麻省理工学院（MIT）建筑系掌门人的“国际张”时代，眼界开阔，提供了另外一种视野，文章简练而有观点，一看就有国际范儿。但是这一系列讨论却也暴露了有些建筑师的先天不足——对中国现当代建筑史研究不太重视，缺乏历史的维度。若论实验建筑的渊源，应该从童寯、汪坦、冯纪忠这些被边缘化的建筑界学者谈起。像童老的西方近现代建筑史介绍对中国二十世纪七八十年代的现代建筑启蒙起到决定性的作用，汪坦先生关于现代建筑理论的研究影响了一代人。20 世纪 80 年代有点像五四时期，是中国新文化复兴的时期。建筑处于走在最前沿、又走在最后的状态。一方面 20 世纪 70 年代末、80 年代初，中国建筑界对西方现代主义建筑、后现代主义建筑有比较多的研究。当时哲学界、美术界、文学界对后现代主义的研究借鉴了中国建筑界的学术成果。另一方面，当时的建筑创造又是滞后的，在 20 世纪 80 年代，建筑创造几乎是个空缺。那时的建筑界状态是官方建筑师占据主流的地位，民间学术力量还处于边缘。在建筑界的早春年代，除了上述老先生的学术活动外，值得一提的是“中国当代建筑文化沙龙”，它把中青年建筑批评家聚集在一起，做了不少活动。正是有了这样的学术基础，20 世纪 90 年代中期，我和饶小军提出“中国实验建筑”的概念，并于 1996 年 5 月组织了中国青年建筑师对话会，这是中国第一次讨论实验建筑的会议。1999 年世界建筑师大会上，我策划了“中国青年建筑师实验作品展”，虽然那个展览规模很小，但是它标志着中国实验建筑师的正式亮相。1999 年做展览的时候，实验建筑师还处于受压制的状态，很多老一辈建筑师对青年建筑师的作品（主要是方案）表示怀疑。但是很快，到了 2002 年，中国的实验建筑师就成了社会各界、尤其是媒体追捧的对象。此后，中国实验建筑开始由边缘走向主流，一些实验建筑师成为明星建筑师，风光无限。而我，对这样的建筑师也就没有再继续研究了。艺术家顾德新在 1989 年曾说：“中国艺术家除了没有钱，没有大工作室，什么都有，而且什么都是最好的。”我想，“现在呢，中国艺术家除了有钱，有大工作室，什么都没有了”。希望我们的建筑师不是这样的情况。21 世纪的中国建筑师，条件很好，做出最当代、最时尚的建筑，可是我不知道这十几年到底有多少当代作品能留在社会公众的记忆中，能留在建筑史上。

如何从设计思想的角度认识当代中国建筑，建筑历史学者朱剑飞说：“我们也许可以从经济的角度、城市的角度、住房的角度去理解当代中国建筑。在建筑学的讨论中，我们无法回避的一个核心问题是如何从设计和设计思想的角度去理解分析当代中国建筑。从表面上看，当代中国建筑似乎包含了许多现象，如‘实验建筑’的出现，建筑师对理论和‘建构’设计的兴趣，全球一体化的冲击，海外建筑师的涌入，海外对中国建筑的报道，海外或西方建筑自身所谓‘解构’和‘新现代主义’的发展，以及最近关于‘批判性’与‘后批判性’的讨论等等。这些现象之间有什么关系？我们如何从整体上结构性地把握同时涉及这些线索的当代中国建筑？对这个大问题的回答需要许多研究工作和跨时间、跨国界的洞察。”

建筑师朱涛在《“建构”的许诺与虚设——论当代中国建筑学发展中的“建构”观念》这篇文章中对中国的实验建筑提出了自己的看法：“所有这些全球化的、全方位的文化、技术的冲击是建立在农耕文明或工业化初期文明上的建筑工艺传统所根本无力应对的。而在这种紧迫的文化现实中，当代中国的实验性建筑师似乎仍秉持着一种类古典主义的文化理想——即力图在建构文化的普遍性和特定性的文化冲突之间努力调停，幻想在当代的文化语境中，达到现代主义设计文化与中国本土传统文化的高度整合，从而在当代世界建筑发展中获得一种独特的文化身份——其艰难程度是可想而知的”。

诚然，对中国的实验建筑的论争，仁者智者，见解不一。就在人们对中国实验建筑众口纷纭的时候，2012 年 2 月 28 日，普利茨克建筑奖暨凯悦基金会主席汤姆士・普利茨克宣布，“中国建筑师王澍获 2012 年普利茨克建筑奖”。普利茨克建筑奖评委会主席帕伦博勋爵引用今年获奖评审辞来说明获奖原因：“讨论过去与现在之间的适当关系是一个当今关键的问题，因为中国当今的城市化进程正在引发一场关于建筑应当基于传统还是只应面向未来的讨论。正如所有伟大的建筑一样，王澍的作品能够超越争论，并演化成扎根于其历史背景、永不过时甚至具世界性的建筑。”王澍是中国实验建筑的代表人物之一，他的获奖是世界建筑界对中国实验建筑的肯定。中国建筑师通过实验性作品探讨如何解决中国城市发展中面临的难题，完全有可能走出一条跟西方建筑师不同的路，促使人们对21世纪建筑如何发展有一个新的历史思考。

原来中国建筑师觉得普利茨克奖离我们非常遥远。以前大家对普利茨克获奖得主都是仰视的，觉得他们是高不可攀的大师。但是没想到我们身边的朋友、我们的建筑师得奖了，所以颇感意外。值得说明的是，王澍的获奖是水到渠成的事。因为王澍对中国城市和建筑发展有系统的理论，他的建筑实践也能支撑他的理论。目前世界上有自己建筑理论的建筑师非常少，至于中国当代的建筑师就更缺乏理论了，大都没有自己的设计思想。而王澍的思考已经形成了自己的体系，在理论上他有自己的认识和自己的建构，这点是至关重要的。建筑师不到50岁，就算年轻建筑师，2012年建筑师王澍得奖时为49岁，是普利茨克获奖者中最年轻的几位之一。不少普利茨克的获奖者是老先生，走不动路了，是“追认”的荣誉奖。这次给中国新一代建筑师颁奖，说明普利茨克奖关注年轻建筑师，关注东方实验建筑，普利茨克奖评委会是有学术眼光的。

青年学者金秋野不久前撰文写道：“迄今为止，王澍在其并不漫长的职业生涯中，已经留下了大量的建成作品。把这些建筑放在一起来看，能够揭示出的问题，远远超过此前国内建筑学界关怀的范畴。在国际上，这些作品受到越来越多的关注；而在国内，人们的态度可以说相当两极化。”建筑学者周榕指出：2012普利茨克奖在中国也难以再现对日本现代建筑曾起到过的巨大的范式推动作用。尽管如此，普利茨克奖授予中国建筑师，对于颠覆“进化语境”，消释中国当代建筑师的“现代性焦虑”仍然功莫大焉。后普利茨克时代，中国建筑界对本土思想资源的重视和挖掘热潮或将再度开始，本土与舶来之间有可能达成“形式和解”，中国建筑的新范式，将在一个混融彼此、充分杂交的新建筑生态环境中自组织浮现。尽管王澍获奖，可是并不能说中国建筑师在国际建筑界已经有了很重要的地位。这仅仅是开始，仅是一个启示：中国的城市怎么发展？中国的建筑怎么发展？过去我们几乎亦步亦趋地跟着西方建筑风格走，而王澍对中国的建筑和城市有很独特的思考，又对中国的营造技术和中国的传统建筑有很深的理解，同时，他也对当代城市的发展和建筑的实验非常关注。他思考了一条独特的中国建筑发展道路，这对整个国际建筑界也有很多的启迪作用。

百年世界建筑的历史几乎可以说是一部实验建筑的历史，20世纪60年代以来的建筑发展更是如此。严肃的建筑史不会花很多篇幅去记载商业性建筑设计事务所的作品，而是对实验性建筑给予更多的肯定。在中国，实验性建筑作品虽然不多，但它的生命力已经充分显示出来。对中国实验性建筑的学术价值如何看待呢？英国的艺术史家贡布里希（E.H.Gombrich）曾说：“人们写航空史大概能一直写到当前，写艺术史能不能也‘一直写到当前’呢？许多批评家和教师都指望而且相信人们能够做到，我却不那么有把握。不错，人们能够记载并讨论那些最新的样式，那些在他写作时碰巧引起公众注意的人物，然而只有预言家才能猜出哪些艺术家是不是确实将要创造历史，而一般说来，批评家已经被证实是蹩脚的预言家。可以设想一位虚心、热切的批评家，在1890年试图把艺术史写得‘最时新’。即使有天底下最大的热情，他也不可能知道当时正在创造历史的三位人物是凡高、塞尚和高更……与其说问题在于我们的批评家能不能欣赏那三个人的作品，倒不如说问题在于他能不能知道有那么三个人。”也许现在的情况也是如此，中国还有许多实验建筑师，我们的建筑批评家并不知道他们的名字。在中国，实验性建筑虽然还处于探索阶段，但他们的建筑实践已经显示出学术价值和社会价值，显示出超越的可能性，历史有可能是由他们创造的。END

徐纺约我写一篇对中国室内设计教育近十年发展状况的概述性文章，我欣然应允。想说的话很多，但是想要条理分明地绘制出一份中国室内设计教育发展的阶段性路线图确非易事。因为面对中国这么大、这么复杂和丰富的一个国家，想要用简单明了的方式，即使是综述它的一个侧面之全貌也几乎是不可能的。那样做的结果总是会显得抽象有余而全面性和细致性不足，被忽略掉的往往不只是枝叶，有时甚至是重要的分支。在今天这样一个日益强调和关注公平性的文化语境下，每一个体系都不愿接受被代表的现实。所以沉思良久，我突然感到有点茫然并无助。我想也许筹办一个文献性的展览，对于陈述事实会更有效率更准确。可现实情况是，中国室内设计教育的规模在二十年左右的时间内已经暴增了百倍，因此收集这个庞大系统的相关线索就成为一件短时间内不可能完成的事情。

以十年的期限来断代中国室内设计的教育发展状况，我觉得也有许多模糊的地方，倒不如以世纪之交为界限去比较上下两个阶段的状况更加清晰。因为对于全世界而言，规模化的室内设计是 20 世纪后期的产物，它是建造业进一步分化的结果。这个分裂的过程是很痛苦的，犹如分娩一般纠结、冲突、粘连。作为母体的建筑设计业，一方面作出强势的姿态进行抵抗和控制，另一方面又对不断涌现的发生在建筑空间中的新内容、新要求疲于应对，不堪其扰。对于逐渐出现的侧重于建筑内部空间设计工作，市场的反应则是另一番景象，业主们需要这样精细的建造层级以满足自己日益挑剔的口味。可以这样认为，现代室内设计发展的第一个阶段主要是其分裂于建筑设计母体的过程，同时市场的需求是它发展的根本性动力。它完全处于一种被动状态，来自市场中的职业要求为其建制提供了基本的规定。20 世纪最后的 20 年里中国室内设计的整体性状况也大体如此，总体而言进入 21 世纪之后，中国的室内设计开始逐步完成职业化，室内设计教育真正步入现代化。

本土经验和自力更生：室内设计作为一个刚刚独立的职业和学科个体，它的成长以及获得认同的过程也是异常艰难的。无疑，改革开放后中国疾速增长的市场需求，是推动室内设计在中国广袤的疆域之内扩张的根本动力。在供求关系严重失衡的条件下这种诱惑是无法抗拒的，室内设计教育发展的冲动和欲望也是难以克制的。因此简要概括一下 20 世纪最后 20 年的成绩和状态，那无疑是中国室内设计教育发展的第一个阶段——一个规模和经验同步增长的时代。在这一时期中央工艺美术学院的影响是根本性的，它是中国室内设计教育发展的基础。因为自 20 世纪 50 年代起，这个学校的建筑装饰系建立的主要目的，就是为国家标志性的空间形象塑造提供人才培养和设计服务。针对这样的要求，中央工艺美术学院在实用美术的理念下建立了一套在当时行之有效的教学体系，它部分接受了包豪斯的影响，部分吸纳传统图案设计文化，而形成自己独特的美学核心——装饰。而历史的事实是自 20 世纪 50 年代起至改革开放初期，虽然在建国初期通过苏联援助建立起了工业制造业基础，但整个社会并未真正经历工业文明的洗礼和浸染。中国文化处于一种农耕文明和工业文明并行参半的状态下，因此中央工艺美术学院所建立的设计美学有其深厚的社会基础，也自然得到了广泛的响应。当室内设计由国家需求迅速转变为社会需求时，中央工艺美术学院就变成了范本和榜样。《室内设计资料集》既是社会实践领域的工具书，又是那些纷纷成立室内设计学科高校的教科书。因此这是一个由市场牵引的学科快速发展期，本土经验发挥了巨大作用。

中韩交流：

进入21世纪之后，中国广义的空间设计界进入到了一个空前开放的时期。来自设计发达国家的设计机构纷纷来到中国冒险和淘金，他们带来了许多令人耳目一新的东西。其中观念的差异性相对于手段更加明显，产生的效果也更为突出。境外设计机构的作品在文化表达上具有强烈的诉求和欲望，并且在他们的设计过程中文化取向常常主导着技术手段，形成一个富有逻辑关系的形态生成机制。这种方式在市场竞争中屡屡获胜，进一步强化了设计界追捧“概念”的趋势。市场追逐设计概念的各种取向也波及到了室内设计教育领域，当中国的设计市场采取请进来的发展策略时，中国的设计教育则选择了走出去的方式。在此期间，中国的室内设计教育界首先开始与韩国展开了大规模的交流。2002年中韩二十余所学校的室内设计学科，在中国建筑学会室内设计分会和韩国室内设计学会的倡导下进行了互访和设计Workshop活动。在当年8月首尔站的活动中，中国的清华大学美术学院、中央美术学院、北京建筑工程学院三所院校的师生参加了这次学术和课程交流。中韩的教师混合组成了辅导组，中韩的学生也混合组成了设计工作组。在短暂、紧张的教授和设计过程中，韩国的教师和学生们给人留下了深刻的印象。韩国的教师们大多在欧美接受过高等的专业教育，他们的设计思维具有明显的现代性痕迹，崇尚逻辑和实用。同时韩国教师在教育方法上表现出很高的职业素养，这方面主要是通过控制课堂的技巧得到了反映。韩国设计教学授课的方式是以讨论为主，注重概念产生的推理过程。设计的程序也是通用的，大体是由设计调研作为基础，然后寻找问题，最后寻找解决问题的方法。而当时中国室内设计教育盛行的是经验式的、图像启发式的设计方法。可以说这二者之间差异蛮大，差距也着实不小。

自从2002年开启了中韩室内设计教育的学术交流之后，中国接受现代性的室内设计教育由此规模化地展开了。清华大学美术学院（原中央工艺美术学院）和韩国的国民大学、暻园大学（现更名为嘉泉大学）先后开展了深入和持续性的教学交流，包括中日韩三国三校之间进行的ODCD（韩方为国民大学，日方为武藏野大学；主题是关于节水的设计）活动，以及中韩（韩方为暻园大学）持续了五年时间的名为“MIND EXCHANGE”的活动。清华美院开展的与韩国教育机构之间的教学交流活动，规模大、持续时间长、深入性突出。稍后，鲁迅美院和韩国的另一所代表性学校——弘益大学也进行了不间断的教学交流活动。2010年之后AIDIA（亚洲室内设计师联合会）将国际院校之间的交流扩展到了东南亚范围，又有泰国、马来西亚、菲律宾三国的加入。2010年南宁的教育峰会，2011年苏州的教学交流，2013年首尔的教学交流，参与院校的规模得到了进一步扩大。这期间交流活动的主体虽然还是中韩的学校，但泰国几所院校的加盟令人耳目一新。交流所传播的理念仍然明确强调着现代性的设计逻辑，并鼓励学生动手制作。中韩之间的教学交流对于中国室内设计教育发展的走向具有重要影响，它主要体现在如下三个方面：1.通过韩国基层教育的表现认识到了现代设计教育的基本理念；2.看到了未来室内设计教育中教师职业化的发展趋势；3.认识到地域环境和教育理念之间的密切关联。现代主义设计教育理念对于中国室内设计教育具有重要的启示和帮助，它纠正了发展第一个阶段中所出现的过于倚重图形思维的问题，把设计活动纳入理性的思维和实践中来。这个时期应当算作中国室内设计教育发展建设的第二个阶段，是真正意义上的现代启蒙阶段。

中国的设计院校在走出去的第一阶段选择韩国有其必然性，地理空间上的接近、文化传统的相近都是重要的成因。某种程度上说韩国充当了中国室内设计教育现代性启蒙和普及的媒介，就像当初日本在韩国设计现代化过程中扮演的角色一样。同时我们也意识到在这一阶段，中、日、韩、泰等国家室内设计教育机构所做的努力，对于世界范围室内设计教育发展也是有重要作用的。这是由亚洲文化的特点所决定的，亚洲文化边缘的状态和相对多元的背景为这种交流成果提供了多方面的营养和精神准备。反观欧美室内设计教育绝大多数秉承了现代设计及教育的体系，规制严格，训练系统，专业界限明确。从长远的角度来看，亚洲室内设计的发展有着更加强劲的潜力。

中意交流：

在新的世纪里继和亚洲其他国家进行了深入、持久、广泛的交流之后，中国的院校又开始接触欧洲和北美的教育体系。清华大学美术学院和同济大学创意学院等高等教育机构在这个过程中充当了文化交流的使者和理念融合的先锋。清华大学美术学院始终和设计教育发达的国家保持着广泛、密切的联系，在他们交流的对象中不仅有北美的院校、欧洲的院校，甚至还有大洋洲的院校。清华大学美术学院自2006年起至今，连续参与了米兰设计周的多项展览展示活动，并和米兰理工大学的设计学院进行了长期的课程交流，最终率先建立了中意两国在设计教育领域惟一的双学位项目。同济大学创意学院和欧洲设计教育保持着广泛的联系，他们甚至将交流扩展到了合作研发领域。中意之间的合作有其必然性，意大利是一个有着令人羡慕的设计历史的、社会生产机制并未完全被现代化的发达国家。其工业制造业保持了恰当规模的同时，也保留了多样性。此外意大利的设计教育脱胎于传统建筑学教育，它既延续了传统建筑学教育严格的要求，又逐渐延伸出了对工业社会生活具有全面性影响的各种专业设计门类。在设计教育体系中他们把工程教育和人文、艺术教育完美地结合了起来，更加重要的一点是意大利的设计既符合了工业生产的技术性要求，又尊重了个人的趣味。因此相比较于那些完全秉承现代性宗旨的设计，意大利设计中折射出的文化感和人性关照较为突出。中意两国文化上某种程度的相似性决定了中国消费者更愿意接受意大利的设计形态，包括服装、家具、工业产品和室内设计等。于是“Made in Italia”(意大利制造)成为品质优秀的代名词，“来自意大利的设计”也变成了一种具有创造性设计的闪亮招牌。意大利设计文化首先是通过其工业产品和室内设计作品影响中国市场，这一时期无论在商业性的设计机构服务的过程中还是在专业性的学术活动上，都不时能看到意大利设计师和学者的身影。同时中国去海外的留学生中学习设计的，开始把米兰、佛罗伦萨、都灵等地作为目的地。这些不断发生的事件最终促进了中国的教育机构，开始主动寻求和意方的交流。

中国对意大利的早期迷恋，依然是停留在对意大利设计所创造的视觉惊艳。对于许多学习者和业主，他们头脑中充满了对意大利不着边际的想象，而对于教育者来，说吸引他们的是意大利悠久并灿烂的建筑和艺术历史。于是产生了诸多的误读，这是中国室内设计在现代性的启蒙之后所面对的一个新的里程。清华大学美术学院和意大利设计界及设计教育界的交流在多方面同时进行着，其中既有像参加米兰家具展、卫星沙龙展这样的注重创意的活动，也有深入到意大利代表性的机构中做专题性的展览或者课程交流，还有就是邀请意方师生来中国做课程合作。从2006年至今深度的课程合作经常在中国和意大利两地交替进行，这其中的意义和作用不言而喻。一方面课程的合作一般来讲持续时间比较长，中国师生可以认真观摩和体会意大利教师授课的观点和方法。另一方面变换空间去领略教育的方法和理念，便于深刻理解不同社会、文化背景之下教育体系的形成原因。通过深入的合作与交流，我们发现意大利的设计教育并非只注重形式，实质上他们更强调形态生成的逻辑性。在许多意方教师所负责的课程当中，调研是非常非重要的一个环节。调研的分类、调研的方式、以及对调研成果的分析占用了很大一部分课时。在他们的课程中，学生往往是以团队的形式展开工作的，这本身就是对社会的一种模拟，锻炼的是学生的竞争意识和团队合作精神。意大利室内设计的教育教学还十分强调整体观，即规划、建筑、室内和景观的内在关联。所以低年级的室内设计就是从观察和分析整体性环境入手的，这种训练能够帮助学生建立起整体性的环境观念和系统的工作方法。意大利教学环节中的制作过程也引起了我们极大的兴趣，他们的教学非常强调动手能力，工房条件也是令中国同行羡慕不已的。他们的工房中不仅有完备的设施，还有通晓各种软件的高级技师，这些技师对设计的理解也十分到位。在这样的条件下，工房也就成为学院里的第二课堂，学生在此学到的是工程教育的常规知识和工作方法，增强的是动手实践的欲望。

中意室内设计教育之间的交流，在认识和方法上对于中国教育机构都有很大的帮助。通过近十年的教学交流，我们意识到设计理性的建立，绝不仅仅停留在教科书中，更存在于通过现场、工房所进行的实践中。同时课堂组织和管理模式都是教育教学水平的一种反映，它需要科学的论证和推理。可以这样认为：这一阶段的成就超越了观念，已经进入到了方式方法的技术层面，涵盖了职业技能培养和设计师素质教育两个方面。

关于未来：

经过三十余年的快速发展，中国室内设计的教育已经建立起自己的体系，拥有了自己独特的文化。尽管我们依然面临许多亟待解决的问题，比如整体性的提高与差异化发展的关系，再比如教育如何适应甚至进一步推动职业化进程等。但就目前的情况来看，中国室内设计的市场、职业规模、教育发展的态势，俨然已经成为该领域中世界范围内最引人注目的一道景观。但眼下的繁茂并不能掩饰即将到来的萧瑟，中国的城市化已经发展到了一个基本上饱和的状态，现代化的思维正在褪去它炫目的光环，这些悄然进行的变化都会对行业和教育产生深刻的影响。我们将何去何从，取决于室内设计这个事物和社会的关系，以及它和人类的关系。纵观世界室内设计的发展脉络，很大程度上依赖着城市化、现代化过程中的建造活动。建筑学的理论和技术规范决定着室内设计的美学趣味和执行程序，我们不希望看到这个欣欣向荣的学科，随着现代化和城市化运动的终结而寿终正寝。因此寻求它和未来文化、经济、技术的结合是热爱这个专业领域所有人士的职责，当我们尚未发现室内设计和人类生活最根本性的联系、真正独立的室内设计职业特征尚未形成稳定的形态之前，室内设计的教育注定了将在一个较长的时间里处于动荡状态。然而也就是在这个成型的阶段，不同类型的人行使着不同的权力，承担着不同的义务。无论是世界还是中国的室内设计，都需要进一步思考和实践。因为这个庞大的系统已经有了丰富的积累，无论是教育、管理、经济模式还是技术。可以这样认为：室内设计提升了人类文明的程度，所以下一个时代我们最需要的是自觉。END

大舍：
建筑深度思索

DESHAUS: RETHIHKING ARCHITECTURE

采　访 | 宫姝泰
人物摄影 | 朱骞
资料提供 | 大舍建筑设计事务所

ID =《室内设计师》
柳 = 柳亦春
陈 = 陈屹峰

从夏雨幼儿园的清新拔群，到龙美术馆的孑然簇立，大舍的每次突破都给中国建筑界带来惊喜，掀起重思建筑的浪潮。十年独行求索，他们的思辨从未停息。

大舍建筑设计事务所 2001 年成立于上海。
其作品受邀参加 2003 年巴黎蓬皮杜艺术中心"当代中国艺术展"、2006 年荷兰建筑学会 (NAI)"当代中国建筑与艺术展"、2008 年伦敦 V&A 博物馆"创意中国"当代中国设计展、2012 米兰三年展、2013 年奥地利工艺美术博物馆"东方的承诺"东亚当代建筑和空间实践展、2014 年威尼斯建筑双年展 EMG 大石馆"应变－中国的建筑与变化"等重要国际性建筑与艺术展览。
2011 年被美国《建筑实录》(Architectural Record) 评选为年度全球 10 佳"设计先锋"(Design Vanguard 2011)。2014 年获英国《建筑评论》(Architectural Review)颁发的"新锐建筑奖"(AR Emerging Architecture Awards 2014)。

柳亦春，1969 年生于山东青岛。
1991 年毕业于同济大学建筑系，获建筑学学士学位；1997 年获同济大学建筑系建筑学硕士学位；2001 年至今任大舍建筑设计事务所合伙人、主持建筑师。

陈屹峰，1972 年生于江苏昆山。
1995 年毕业于同济大学建筑系，获建筑学学士学位；1998 年获同济大学建筑系建筑学硕士学位；2001 年至今任大舍建筑设计事务所合伙人、主持建筑师。

ID 大舍作为独立事务所的代表之一，2001年成立至今的发展受到了各方面的关注，发展阶段也在学界被广泛分析。能否分享一下大舍设计思路的发展？

陈 我们一直在探寻适合自身心性的设计方法和语言，也一直在思索建筑的意义究竟是什么。在过去很长的一段时间内，大舍的实践与我们对江南地域文化的理解密切相关，我们试图以江南传统建筑特别是园林为原型，来营造一个抽象的自我完善的小世界，有很多关键词可以去描述它，如边界、容器、路径、内向、记忆、诗意……这是一种基于情境的表达。近来我们实践的重点逐渐转向建筑学更为本体的内容，比如说场所、建造、身体、知觉等，希望能从中为我们的探索和思考找到答案。

ID 最近研究重点有些什么变化？龙美术馆是一个转变吗？

柳 最近几年的思考比较多。龙美术馆刚刚造完，是不是能构成一个转变，我也不是非常地肯定。最近由于个人的兴趣，又重新思考研究了一些历史上典型的建筑形式，结构性的构建在空间中的力量深深地吸引着我。有些国家，比如日本和瑞士，建筑师和结构、技术的工程师合作紧密，方案构思的时候结构师就会介入，给设计带来很多可能性，这方面的工作我觉得在中国是亟待展开的。当然紧密合作的结果并非是实现技术的成就，而是为了解答如何让结构在内在的层面继续成为支撑建筑的文化内涵的一部分。

ID 对于建筑界发展趋势的反思是什么？

柳 后现代主义思想，让大部分关于建筑的思考转入社会和城市对于建筑的影响以及建筑如何去应对快速变化下社会和城市的现实。建筑在向它的外延方向发展，这自然是好的一面，但是相对而言，这些年对于建筑内部、自身的思考反而是少了。数字化的技术会使一部分建筑的视野回归本体，比如在数字化背景下对结构性能化的研究，但也容易流为一种技术的表现，由于特别容易出效果，也就是在形式上很容易区别于以前的建筑，所以更容易满足于形式操作层面。

ID 十年间建筑行业最大的变化是什么？

陈 这十年国内各类建筑设计机构的设计水准和作品的最终完成度都有很大提高，同时建筑开始成为文化艺术的一个组成部分，总体来说令人鼓舞。由于建设量实在庞大，一方面国家与地方重点项目的施工质量逐渐堪比欧美，而另一方面普通项目特别是小项目的施工质量不断在走下坡路，承接这类项目的施工企业无论是业务能力还是精神面貌，都和十年前没法比。这对以小型项目为主的独立事务所来说，无疑是个巨大的挑战。

柳 这十年应该是中国建筑师进步最快的时期，由于总建设量推动，建筑师在大量性的建造过程中，技巧和手法都有了长足的提高。既有商业化的实践，也有很多坚持思考性的实践。相比技术性和设计手法层面的进步，在建筑学深层思考的方面，又明显感觉到是不够的，十年中很难看到清晰的有思想深度的建筑文化建构。

ID 2000年代是独立事务所兴起的时期，大院中以个人命名的工作室也纷纷建立，是不是一种市场开放性质的行为？

陈 建筑设计有着比较强的个人色彩，特别是中小型项目的设计。1990年代后期国家建立起个人执业资格制度，除了为加入世贸组织要与西方接轨外，也应该是顺应这个特点的结果。现在大院内纷纷建立以个人命名的工作室，一方面有提高建筑师积极性的考虑，一方面也是发现有时候设计贴上个人化的标签在市场上反而更有竞争力。

柳 从我们自身感受来说，这个政策说明建筑设计鼓励个人创作，另一方面出现独立建筑师也与加入WTO与国际接轨有关。我们刚成立的时期，独立事务所不光有建筑事务所，也有机电、结构等等，到了2005年，结构和机电事务所纷纷关门了，我们就要在机电结构上跟大院寻求合作，这带来一些限制，但不一定是不利。独立事务所由于能够接受的项目规模受到自身规模的限制，能够掌握和调配的社会资源也受限，独立事务所的发展和建筑上的诉求也因此受到了限制，我们一直在寻求解决矛盾的平台，但在思想上能保持自由还是首要的。

ID 与事务所中年轻人的相处有什么心得？

柳 事务所年轻人很多，一直在这种环境里我们显得也比较年轻，会更多地看到年轻人身上可贵的东西，谈不上教育，更多的是身体力行。

陈 从某种意义上来说年轻人教育我们要多一些。因为我更想了解他们是怎么看待这个世界、了解他们的生活方式。透过年轻人能看到社会的变化。

ID 建筑设计受到公众广泛关注，与十年前大为不同，对此有什么感想？

柳 当然是一种进步啦。

陈 进步。在西方的语境中，建筑本来就是造型艺术的重要组成部分。现在国内公众也开始关注建筑，大家慢慢承认建筑是文化的一部分。这是个非常可喜的现象。

ID 网络媒体冲击纸媒的时代，对《室内设计师》和设计媒体有什么建议？

陈 不同形式的媒体可以各自挖掘自身的特点。网媒注重快而新，那纸媒可以着力深且广。现在国内媒体数量看上去的确不少，各种活动办得很热闹，但对建筑学发展有实际推动作用的却不多。

柳 我相信很长一段时间内纸媒还是有其优势的，它更加正式。目前大部分的媒体，得益于商业运作，也受制于商业运作。现在商业运作还不错的纸媒，千万要守住内容质量这一关。不过，杂志也许早已经失去了它原本生产先锋思想的作用。END

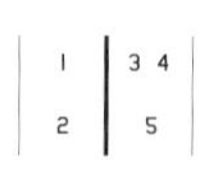

1-5　嘉定新城幼儿园（2010年，上海）

面对空旷的基地，建筑以自我完善的强力态度介入，内向庇护。内部两部分并置：班级单元及活动室，理性有效；刻意放大的中庭交通空间，感性有趣

1	3
2	4 5

1-5 螺旋艺廊（2010年，上海）
螺旋的意图实际上是建立一种看风景的方式，室内空间逐渐由公共变得私密；人在不同的视点体验游弋的观看，体验抽象的园林

1	3
2	4

1-4 龙美术馆（2014年，上海）
保留原址煤斗，独立墙体的"伞拱"悬挑结构让剪力墙自由地深入，与地基浇筑为一体；机电系统均被整合于伞拱的空腔之中

1-4 西岸艺术中心（2014年，上海）
旧厂房改造为艺术展览空间，磨砂玻璃、铝合金龙骨的当代细腻做法与交叉拉梁、素混凝土柱的工业时代审美，对比交错出空间交响

叶铮：守住设计师的底线

ZHENG YE: HOLD THE BOTTOM LINE OF A DESIGNER

撰　文 | 姚远
资料提供 | 上海泓叶室内咨询有限公司

叶铮是中国室内设计界为数不多的把设计当学问做的设计师，
也是优秀作品频出、设计屡屡得奖的设计师，更是一个有社会责任心、有正义感的设计师。
他的关于设计的思考、关于道德与审美的文章多次发表在《室内设计师》上，
他有关室内设计的多部著作给室内设计行业提供了丰富的学术积累，
他炮轰设计界不良之风的文章引起了业内的强烈反响和反思。

ID =《室内设计师》
叶 = 叶铮

叶铮，HYID 泓叶设计创始人、中国建筑学会室内设计分会（CIID）学会理事、上海应用技术学院副教授。
中国建筑协会室内设计分会理事、中国建筑装饰协会专家委员。首获美国《室内设计》中文版杂志中国设计名人堂（Hall of Fame China）成员，
蝉联 2011、2012 两届中国室内设计十大最具影响力人物。
七次获全国性室内设计一等奖，共计获奖四十余项，完成各类酒店设计约 300 余项，发表论文无数，著有《室内设计纲要》、《设计概念》、《常用室内设计家具图集》、《室内建筑工程制图》、《叶铮暨泓叶作品集》、《建筑画艺术》等专著。从事室内设计教育二十五年，于 1992 年开创性地在上海艺术类高校中，建立首个室内设计专业。

ID 进入室内设计领域多年，相比刚入行的时候，怎么看现在的行业变化?

叶 1988年我开始做设计，1992年在上海艺术类高校中首创室内设计专业，1999年开设自己的设计公司，在这个行业里时间跨度算是比较长的。在学校从事教学，也是室内设计领域，所以算是一直没有离开这个行业。在我们二十三十岁的时候，这个行业几乎是个空白。刚开始从业的时候，我们面对很多项目时，处处是问题，都是一边研究一边讨教一边设计的。当时来一个香港、台湾的设计师就觉得他很有水准，现在则可以很客观地平视他们、更没有他“比我们高出很多”的感觉。该学习的地方学习，该批评的地方批评。到今天，我们面对各种项目，能很有自信地把设计完成，说明中国室内设计整体发展是很快的，浓缩了国外的专业发展历程。这一方面是因为我们所处环境在高速发展，还有一方面就是外国很多研究成果的积累，摆在我们面前，加快了我们的进程。

ID 在整个行业发展背景下，能否分享您自己的设计发展经历?

叶 我自己的经历大约可以分为三个过程。第一个阶段是基础研究，在公司内部建立了很多标准性的东西。这些都是技术类范畴的，比如我们制定了详细的制图深度标准，(成书出版后我们还在继续发展)，还包括对构造、材料、照明等专项的研发，以及一些功能类型的研究等：酒店是怎么样的，办公空间是怎么样的、会议室是怎么样的……

到了第二个阶段，主要研究设计的方法和过程。因为一个公司招进来很多新员工，包括大学应届毕业生，怎么样更快地将他们培养出来，从不懂到比较懂，再到能够出成果，这需要有一套有效的方法。这个摸索总结最后以《室内设计纲要》结集出版。

第三个阶段就是我们现在的思考。希望我们设计的空间，能带有一种空间气息，说是空间诗意也罢、场所精神也好，我试图通过造型、材料、色彩、照明以及空间为媒界，去寻找这种空间特有的精神气质。

ID 您怎么看当下室内领域的设计现象?

叶 从2010年开始，行业发展开始有变化了。很多设计师觉得，设计公司能办下去，主要不是设计做得好，而是营销包装得好。这种趋向一出现，大批的设计师都跟着学。那就形成一种风气，过度的营销包装，而设计的水平却与包装极不相称。于是我越来越有感“厚德载物”的真谛，设计师一旦拥有了名声，拥有这么多的粉丝，不管这个名利是别人给的，还是自己包装出来的，这个名利就是“物”，设计有没有足够的“德”，即学识水准来承载它呢?这就像绘画界的情况一样，大家都别争了，看画吧。设计界也是，大家少做秀，看设计作品吧。所以这个时代更需要大家安静地、认真地去做设计，扎扎实实地去求学问。

ID 室内设计从环境艺术专业发展到今天，您觉得这个领域的从业者需要具备哪些能力?

叶 室内设计是非常整体的概念，尤其在中国做室内设计，需要扩充的方面非常多。其实室内设计原本就是“涂脂抹粉”的角色。回顾我从开公司到现在共计做了400多个项目，酒店就300多个。比如我接的项目很多是建筑改建项目，从机电、建筑、景观以及结构都需要重新布置。这是一个系统的工程，牵涉到许多相关专业，大到对酒店的整体定位判断，小到对空间每一细节布置的视觉感受。我做设计的标准是在案子发展的第一阶段，就要求做到对各领域的深度研究和全面把控。与其他事务所把灯光设计委托给专业事务所的做法不同，我对灯光设计有自己的深度研究，并同空间设计一体化推进，使室内设计成为一个整体。又如，现在流行将设计分为软装和硬装，其实我不太同意这个说法，我认为设计不分软装硬装。可以从更专业的角度分为陈设设计、灯光设计、色彩设计、造型设计、空间设计等。作为从业者，这些都是需要融会贯通的知识与技能，并且需要随着时代变化不断前进的。

ID 您如何看设计媒体与室内行业发展之间的关系?

叶 早年我从业的时候，专业媒体没几家。而现在，随着信息科技的发展，每个人注册一个微信平台，每个人都有发声权。其实媒体营造社会风气，它可以往好的地方发展，也可以往坏的地方变化。但是很多新媒体，在有失专业判断力的同时，更站在局部利益捆绑的立场上做宣传。这种现象形成一片混杂，可谓“先天缺乏神圣感，后天品性成问题”!《室内设计师》还是较少受到大环境污染的，做得相对专业严肃。我现在已经不太喜欢“与时俱进”的概念。因为我们现在的“时”并不完好，“与时俱进”往往携带许多不良风气，我选择保持专业底线，也希望《室内设计师》能够坚持下去。END

1	4 5
2 3	6

1-3 锦江之星青岛4S酒店（2013年，山东青岛）

本项目位于青岛老城区，建筑平面呈“回”字形，室内设计依此为设计概念，用富有沙粒感的肌理墙面与在墙面上散落的粗糙方块，形成海岸礁石之感

4-6 锦江之星汕头店（2013年，广东汕头）

本设计崇尚理性、优雅、简单，又富有东方气质的文化神韵，尤其是家具设计中的线框表现，更多带有现代与传统的交融

1 | 2
3 4

1-4 锦江之星四川中路店（2011 年，上海）

在此，空间洋溢着一种“静谧的诗意、光明的神圣”。通过对空间整体组织，将形、光、色、材等捏拿为一体

1	4
2 3	5

1-3 东亚饭店（2013年，上海）

本项目属于历史二级保护建筑，室内设计赋予改建后的东亚饭店无限的优雅与理性的奢华

4-5 锦江之星宜宾店（2014年，四川宜宾）

设计以水平线的界面语言，构成空间理性、优雅、温馨的场所气息

1	3 4
2	5

1-2 Metropole Hotel 都城达华酒店（2013 年，上海）
建筑始建于 1935 年，由著名建筑师邬达克设计，系上海近代历史保护建筑，本次改建从建筑、景观、室内一体化入手，营造田园都市般的怀旧与亲和

3-5 M-Hotel 都城外滩经典酒店（2014 年，上海）
项目位于上海南京东路外滩交汇口，是整合建筑和室内的一体化设计。建筑将岁月回味与主观意象相结合，产生时空交错的舞台戏剧感，通过空间的再创造，来诠释上海特有的城市气息

吕永中：格物致道

YONGZHONG LV: DESIGN COULD BE THE GEAR TO RUN THE SOCIETY

采　访 | 宫姝泰
资料提供 | 吕永中设计事务所

ID =《室内设计师》
吕 = 吕永中

被外媒誉为中国独立设计力量的吕永中，像个机械师一般，在尺寸之间的工艺设计中玩味天地之道、格致物质的规律，又用空间设计规矩着使用者的行为。设计对于他来说，不仅是对物的造化，也是作为触发市场系统变革的一颗弹子，正蓄势待发。

吕永中，1968 年出生。1990 年毕业于上海同济大学，留校任教逾 20 年，长期致力于建筑室内空间及家具设计。多样化的经验来自于对传统中国文化根深蒂固的景仰以及在实行与阐述当代设计时提出的特殊论点。1997 年创立唯品设计（2012 年更名为吕永中设计事务所），2006 年创立半木。
2009 德国 IF 大奖中国区特邀评委，爱马仕品牌中国地区橱窗设计特邀艺术家，2010 香港营商周特邀演讲嘉宾，2011、2012 "中国室内设计十大影响力人物"。2013 年入选美国《室内设计》中文版杂志中国设计名人堂（Hall of Fame China），并于国内外的媒体报导当中被评为十位 "中国下一个时代开拓者" 之一。

ID 您在 2006 年创办半木，可不可以讲述一下当时的想法和此后的状态？

吕 那时候三十几岁，正处于比较迷惑的阶段。当时虽然已经围绕市场做了不少设计，国内、国外的经验脑子里也装了很多，但没有自己的系统，顶多是把别人的设计思想拿过来拼凑。我觉得需要重新梳理一套体系，就想能否把事物缩小到一个可以掌握的点上去体会天地。慢慢地这让我有了更深入的体会，以研究木材为例，我了解了这种材料的人文性格，包括其中文化跟自然的关系；材质本身给我带来了天地之道，如果我们要“造物”，就要明白物质自身的规律；跟木匠师傅们呆久了，会慢慢浸染上他们的世界观。这时候我建立了自己判断世界的价值标准，不会简单地人云亦云地判断好坏对错，我会自己去分析，尝试建立自己的内部逻辑，从自我的视线里去看待宇宙。

ID 对您来说，设计的意义在于什么？

吕 设计行业在中国发展了这么多年，我一直在反思设计的价值、意义在于何处，以及如何让设计行业在社会中显示它的价值地位。我认为相对其他国家，中国设计并没有得到与其相应的价值地位，需待人去推动证明。设计对我来说是一个载体，比如半木的实践，我追求的并非规模，而是让其对行业产生触动。通过设计提供给消费者优质、不同以往的新选择，当消费者有选择变动的时候，制造者也去关注这个新方向，这就开拓出一种用消费反触动产业的可能性。有时候我会有意做一些逆反行业成见的事，比如一般认为中国出不了好的品牌、设计和工艺，产品都是粗制滥造，我反而会更想找到方法做出好的工艺给他们看。我认为这就是作为一个设计师而存在的意义——以设计为行为艺术，连接煽动一群人去探求可能性。而这个过程中中西的手法我都不拒绝。

ID 半木品牌发展了 8 年，经历了怎样的变化和发展节点呢？

吕 1999 年时我做了一个香火系列，香薰烛台之类小的产品，表达的是在急速发展都市中人的一种乡愁。后来建立了一个木工小作坊，为自己的新家做了几件家具，积累了一些经验，取名“半木”，在上海马当路上有了一个小的门面。开这个原创设计小店让我真正认识了社会，虽经历了一些烦扰，但最重要的是让我建立起对设计和消费者的信心：不是消费者没有审美，是我们自己对别人信心不够。所以此后我一直强调“不要低估消费者”。再之后，是在万航渡路上湖丝栈开设“半木明舍”的五年“闭关”，我们交流、研究、尝试、梳理，一直尝试弄清我们的 DNA 是什么、我们的价值观是什么。又经过两年的寻觅，今年年初在北京的草场地艺术区我们找到了一片红砖墙房子，把全国第一家“半木空间”设在了那里。

ID 通过设计想要给城市的人带来什么？

吕 最终想明白，我想提供给都市人身心的能量。中国发展的 30 年中每个人消耗了大量能量，我们平常都是以别人的定式来设定空间：所有的高层公寓，都是西方或香港的模式，有华而不实的客厅和大而无当的卧室。中国人在原不属于自己的空间中，又加上很多奢华装饰，人是没有存在感的。本来在都市里、在社会中就没有存在感，回到家还没有存在感，这是消耗能量的。什么样的居住空间真正可以给人补充能量？一个空间可不可以一直吸引着人呆在其中？当一个人对家、对器物有粘性的时候，才能落下来，否则永远飘在半空没有着落。

ID 您除了在产品设计上用心，同时经营的室内设计，关注点是什么？

吕 第一要把空间置于“时空”统一体之中，空间是融入时间的空间，不能两者分割开来考察。第二要理解问题系统解决的逻辑，一系列问题的解决，像多米诺骨牌一样，把根本的问题解决，后面的问题就会随之解决。从空间中可以格出很多道，中国古典空间强调规范人的行为。比如今年完成的素餐厅的设计，有些包房受原建筑柱距的限制使得空间很小，我反而与常理相悖地放大桌面，用狭窄的走道空间来规范人的行为。地板上格子缩小，人进入其中会碎步慢行，心就静了下来。

ID 对于团队的培养是怎么做的？

吕 半木团队和室内设计的团队都是经过很长时间磨合，在十几年时间里一点点培养出来的，所以在价值观上已经有了默契。定下来的目标要实现，言出必行，大家看到事实，也自然能够信服以后的计划。

ID 2012 年新成立的吕永中工作室，与您之前的工作有什么不同？

吕 吕永中工作室独立于其他事务所，主要做持续性研究等，以避免设计因市场筛选机制而越来越程式化。工作室里会有各种各样的版块，产品设计、生活方式、艺术陈设、材料研究。这个研发机构相当于发电机的转子，可以带动其他轮子也运作并成长。研发成果可以作为产品独立出让，这种运营模式也为与外部机构跨界合作提供了可能。

ID 室内设计圈受到公众的关注，广泛地进入媒体视野，对这种现象您怎么看？

吕 应该要向公众展示，设计师是有价值观的，好的设计是善的行为。当下种种现象只是希望不同个体在设计与媒体交互过程中要掌握好度。

ID 对于设计媒体，有什么意见和希望？

吕 还是希望展现设计背后的思想，如果没有这个思想，设计就是一个没有源头的东西。不能只是从表象上去批判是否奇奇怪怪，设计毕竟是个严肃的事儿。END

1	2 3 4 5

1-5　半木空间（2014 年，北京）
设计师产品、空间与世界观之大成，集展览交流、作品品鉴、生活体验为一体，共同叙说设计师对当代背景下生活方式和理想空间的思考与回答

1
2 3 | 4

1-4 方大桃江路 8 号厨电馆（2012 年，上海）
展示现代厨电生活的空间透出典雅与含蓄，一层沉静地展示商品，二层明快轻盈地叙说现代生活方式，三层因戏剧化的明暗对比如“光之圣殿”

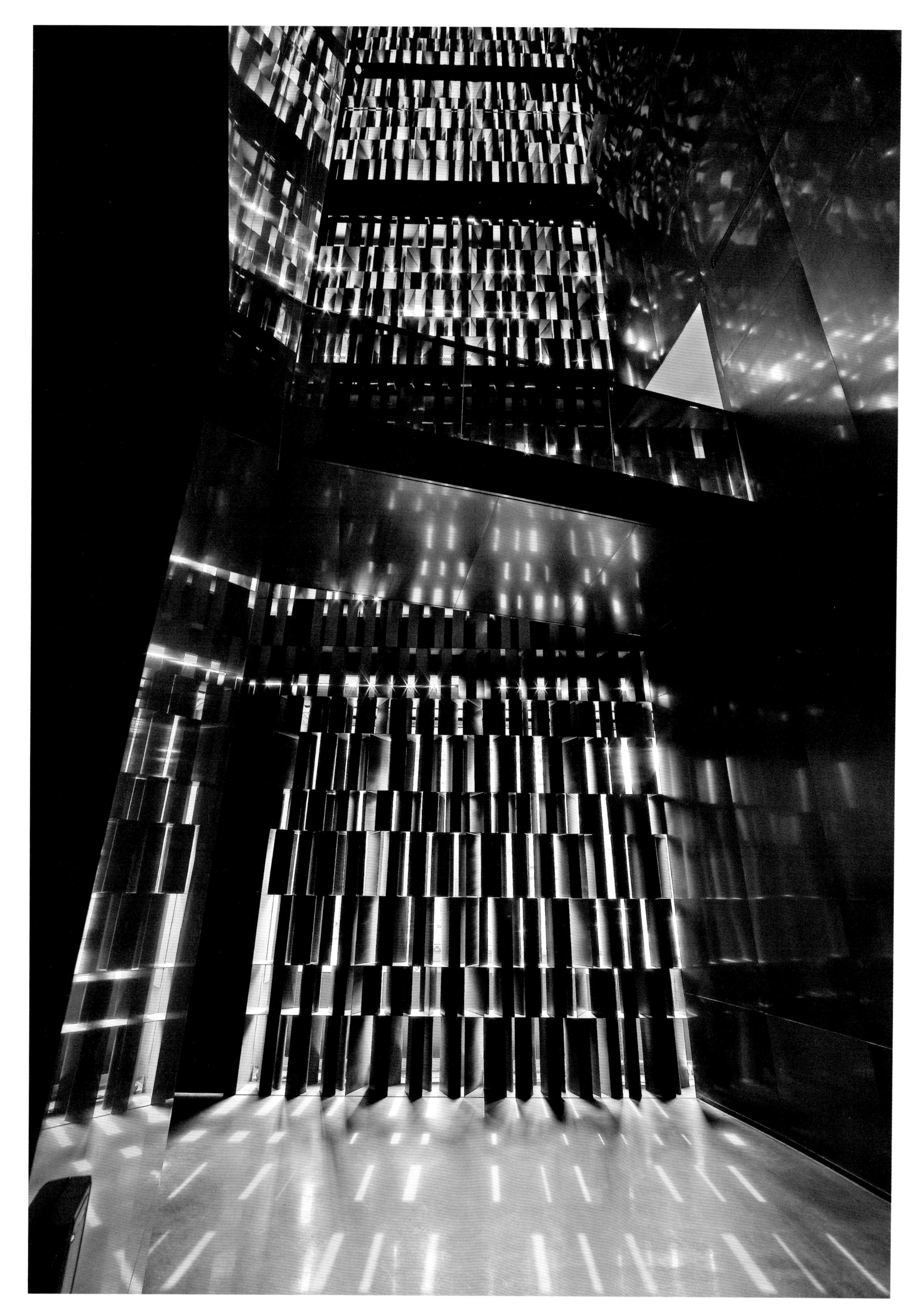

1 2	4
3	5 6

1-3 福和慧健康素食餐厅（2013年，上海）

精心设计的窗洞在灯光与竹林之后若隐若现，是穿行者的取景框。幽静的通廊传达出静逸深远，于平面中隐逸的情感在剖面中透出

4-6 苏州吾壹工场（2010年，江苏苏州）

如何将江南水乡烟云迷蒙的意境注入服装设计办公空间？上下分隔得开敞空间，入口木栅展开如同若隐若现画卷，青石砖上倒映内外空间的转换

1	3 4
2	5

1–2 八方 禅椅（2014 年）
北美黑胡桃 + 丹麦纯羊毛面料 / 大理石

3–4 徽州 T 吧柜（2014 年）
北美黑胡桃 +LED 灯带

5 玫瑰酸枝鼓腿带托泥罗汉床（2013 年）
南美酸枝 + 丹麦纯羊毛面料

ID 众所周知的鼎合设计公司创建于 2007 年，能讲述一下当时的情景及公司的发展历程吗?

孙 实际上创立公司前一两年就有了合作的想法，当时我与世尧聚会，两人聊起合作对未来公司发展有益处。2007 年初，我回到郑州，开始了真正的结合。对很多人来说，合作容易分手似乎也快，但是我们的合作建立在每个人都放下了自己的退路，相互信任、相互理解、相互配合、用心管理之上，从公司创立之初就是如此。

创建之后，公司上下全力合作，逐渐建立适应公司发展的规章制度。我们分析市场，认清自我，制定出长短期规划。公司以设计本质为前提，认真负责地出作品，不断得到市场的认可。而通过加强内部的管理，也使得公司能够良性地持续地发展。

ID 发展到今天，对于公司的发展定位是否如初? 未来又有怎样的规划?

孙 到今天公司完全是按照预想，一步一个脚印地踏踏实实前进。今后的发展规划仍旧是做好设计，做一个健康可持续的品牌公司。同时，希望我们的员工都得到专业素质的提升和发展，并共同把鼎合打造成一个优质的大平台。

ID 近十年来您的设计有什么发展和变化?

孙 设计是随着时代的发展而进步的，我亦是如此。早些年中国刮“潮流风”，不追求设计思想，只是为了造型而设计，流行什么“风”大家一拥而上随后又一哄而散。我是个喜欢求新求变的人，因此选择了去简约的国际化风格有市场的上海发展。当时国内其他地方大多还是所谓“欧式风格”最为畅销，我认为要做好真正的古典其实要求有深厚的基本功，因此那时满市场充斥的的假古董就更令我反感。大概十年前，我们开始尝试把中国传统文化融入空间，这受到很多业主的喜欢，对我们也是个鼓舞。后来设计界开始研讨中国风，而我也回到河南这个历史文化大省，对传统文化的诉求也随之越来越多，这使得我有机会研究和实践这种空间。设计这种类型的空间，我们在揣摩传统文化的基础上也借鉴欧洲设计的手法，但拒绝拿来主义，后来也因此被业界冠以新中式设计的称号。近两年，我们涉及的风格和业态越来越多，有了积累之后我们开始尝试改变，希望去掉符号化、标识化的设计，真正以人们心中的意境来贯穿空间。追求繁简有度，尽量用减的手法去诠释空间。我一直喜欢“少即是多”的理念，但做起来并不是那么容易。

ID 能谈谈您的设计理念吗?

孙 我认为，设计的理念是每一位设计师的个性和他诠释作品后散发出来的特有气息，这是骨子里的，不是那么容易改变的，也绝非是目前被吹捧得天花乱坠的所谓“先进”、“超前”、“独树一帜”。相反，它是一个设计师所受的教育、潜移默化接受的思想、为人处世、心态等方面的综合反映。比如从小接受的教育会让我首先站在对方的角度考虑，而后站在专业角度与之契合。设计师在中国，是美学的普及者，是医生、教育者、策划师……中国在审美教育上的缺失，将责任转嫁给了设计师。但引导沟通绝不等于苟同，两厢不情不愿的设计我坚决不去做。狭义上的设计理念，从建筑学上我喜欢的密斯、柯布西耶到现在中国的传统文化，我认为美好的东西都是相通的，空间的感染力是要影响到人的内心，而非表皮的热闹和哗众取宠。空间、文化、主题的高度融合让人产生的愉悦，比任何虚假的阐述都重要得多。

ID 对于年轻人的培养和传承，您是怎么做的?

孙 我们公司对年轻人大力培养，提倡先学会做人再学会做设计。公司会把更多的舞台留给年轻人，定期给他们开设各个方面的课程，补充多类“营养”，并让他们去交流、参观以及亲身实践。公司最终会是年轻人的。

ID 1996 年您就加入了室内设计学会，是元老级的人物了。看得出来您对学会的感情很深。您印象中的学会是怎样的呢?

孙 学会一直致力于促进中国室内设计的健康发展，真心实意地倡导学术，坚持树立行业的风向标，是所有设计师心目中真正的“家”。这么多年来，学会为中国室内设计的发展做出了居功至伟的贡献，我想以后学会也是这样。

ID 执业多年，您对设计行业的体会是什么?

孙 我们的室内设计行业虽然年轻，但是进步得最快。当然也不难发现，从业队伍里，良莠不齐鱼龙混杂的现象还是比较严重。此外，没有规范，也是造成行业混乱与参差不齐的原因之一。

ID 室内设计圈，今天成为公众也会关心的话题，这种变化是您过去预想到的吗?

孙 没有。我从业只是因为非常热爱这个职业，以后也只想认认真真、踏踏实实地做好每一个案子。至今我还是一个奋斗在一线的设计师。

ID 前阵有人针对设计界的不良之风提出了批评，您怎么看待这些现象?

孙 设计界有批评之声是好事，但是事情要看本质，不可一概而论。自我宣传如果和自身的设计水平相匹配，我认为是应该的，但如果是很多另有心思的设计师别有所图，尤其是又让很多年轻的设计师误认为有成功捷径了，这是相当害人害己的，麻烦会在后面等着的。而关于乡建的话题，我认为设计师做乡建大多是抱着美好的初衷，但是对农村的认识和对国情的理解绝对可以说是有待商榷的，盲目的热血冲动是好心办坏事。另外，批评和被批评的双方也值得观察，也有人是不管讨论的结果只是借机炒作自己罢了。所以我认为大家首先要冷静分析而不是随风而动，另外就是应该有一个正常的讨论渠道而不是隔岸对骂。

ID 当下纸质杂志面临新媒体的挑战，请对《室内设计师》提出您的建议?

孙 其实我觉得《室内设计师》办得很好。大多数人认为纸媒的时代已经过去，但我认为纸质媒体是无可取代的，关键在于对于自身立场的坚持和杂志内容的优秀。END

| 1 | 2 3
4 |

1-4 苏园壹号 郑东店（2012年，河南郑州）

餐饮空间。灵感来自《牡丹亭》的古今交错，简约的徽派支撑起空间的风格构架，榫卯木结构与可供演出的升降地板让餐饮与文化景观结合

1 2	5
3 4	6

1–6　鼎合设计公司办公室（2013年，河南郑州）
现代手法服务功能；而自然的材质、亲切的肌理及陈设、壁挂中无处不透出的新中式情结，与通层的竹簇一起构成了传统回忆栖居之处

1 2 3 / 4	5

1-5　瑞禾园（2013年，河南郑州）

会所。似古而今的窗格与步步是景的陈设，木与烛，瓶与橱，在一幕幕不经意的精致中穿行，空间的氛围是让人身心俱可沉浸其中的放松

36

1-3　云鼎汇砂丹尼斯一天地店（2014 年，河南郑州）
餐饮空间。窃窃低语的私人氛围，意在以简洁的手法、日常的材料打造亲切朴素的空间，透过玻璃瓶的灯光唤起使用者对日常时光的眷恋

ID 您刚刚跨入建筑设计行业的时候是怎样的情景，能否为我们讲述一下？

刘 1984年我大学毕业“被”留校（说“被”是因为不情愿，而被强制留校）。当时中国城市建设热火朝天，但学校里除了上课和读书，没有什么事做，当时西安似乎也还没有业余设计一说，总之，浑身力气却没有地方使。因为太希望做设计，就参加了各种各样的竞赛，比如全国农房设计竞赛、农村文化站设计竞赛、唐山地震纪念碑设计竞赛，还有日本《新建筑》杂志那种命题式的的竞赛。结果得了一大堆奖，像个竞赛专业户。但这些设计似乎都与建造无关，只是纸上建筑。

ID 1994年您进行了汉阳陵的设计，从此跨入了一个新的领域，今天看来当时的过程是怎样的？

刘 1994年这件事今天看来对我意义挺大。当时正值中国经济复苏，原来丢在城市边缘的一些大陵墓、大遗址、大宫殿，突然就被新发展的城市包围了。文物市场火热，又使得盗墓贼非常猖獗。这些问题搞得国家文物局很紧张，决定1995年在西安召开一次关于大遗址保护的全国专题会议。陕西省为迎接这次会议，将西安市的所有大遗址分摊到不同规划设计单位，编制保护规划，在文物局工作的师兄侯卫东拉我帮忙，将汉阳陵分给我做。当时，常规的保护规划是围绕着文物本体画几个圈圈：绝对保护区、一般保护区和建控地带。经过实际调研，我觉得这种工作方法没有用，解决不了实际问题，于是提出了建立遗址公园的设想（这是全国第一个遗址公园规划）。1995年在全国文物工作会议上，我的这个想法引起很大震动，但当时条件不成熟，讨论过后就束之高阁了。1997年，陕西省提出以文物旅游带动社会经济发展，这个规划才又被重新拿了出来，开始有机会实现。汉阳陵从1994年介入，到2005年开放，前后长达10年时间，我从一个对遗址保护一窍不通的人，通过跟考古学家、历史学家、文物保护工作者的学习及讨论，慢慢走入这一领域，步入一方天地，今天彻彻底底地热爱并享受着这一工作，对此我确实感到很幸运。文化遗产保护这一工作，让我真正理解并热爱了西安这个历史城市，找到了自己进入建筑学的一个门径。

ID 您前期的设计作品和后期的设计作品（如大唐西市博物馆和贾平凹纪念馆），设计思想发生了怎样的变化？

刘 在汉阳陵以前自己做设计没有明确的思想，也就是跟着流行走，对历史也并不感兴趣。年轻时候呆在西安，觉得就像生活在“活死人墓”，没有生气，总想逃离。在汉阳陵之后开始以一种新的眼光看待这个城市，也开始理解张锦秋院士等前辈的思想及作品。随着时间的积淀，因为身在西安，并且一直在与历史及其遗产打交道，在这个方面思考的深度、广度及强度不断加强，最后变成了自己的一种自觉、一种习惯、以及一种优势。当然，在我今天理解看来，面对全球化背景中国高速城镇化形势，这更是一种责任。我自以为现在自己开始有了一些思考建筑的稳定视角，关注历史问题，研究遗产在当代社会的角色，从建筑学角度研究保护遗产及与遗产共处的方式。我感到的幸运的是，我所在的这个城市，我所接触的这些项目和机会，使得我有一个相对稳定的研究对象，有一个可以在事业上谈恋爱的对象，有一个始终坚持去思考的事物。

ID 您对年轻的学生有什么培养的重点和期许吗？

刘 我本身也是从事教学，现在跟我们刚学建筑学的时候有一个蛮大的差别。那会儿我们真觉得自己什么也不是，因为当时国门刚打开，中国一穷二白，那时候学生觉得中国所有的东西都应该被拆掉。认真回溯这个事情，我觉得是自己的不自信和这个国家100多年来的不自信，形成了这个错误的观点。对于学建筑的学生来说呢，今天应当认识到，这个世界上没有绝对的好和不好，没有绝对的正确和错误，只有适合你的和不适合你的两种东西，用佛家的话来说要相信“自在具足”。

ID 您对建筑设计的感悟是什么？

刘 适宜性也许是建筑设计最重要的东西之一。设计也分成适合这个国家、城市、场所的东西，以及不适合这个国家、城市、场所的东西。其实人需要研究的只有两点，一个是研究自己，再是研究专业。佛说“自在具足”，表明一个人最重要的能量和资源，从他降生的那一天起已经在他的身体里了。人行走在这个世界其实是一个照镜子的过程和自我发掘的过程。建筑设计也是如此，要寻找自己合适的姿态、合适的方式，做合适的建筑。

ID 您对于文化遗产保护专业未来发展的方向有什么预测？

刘 我认为专业未来更需要的是从广义文化角度，培养文化遗产保护人才。在今天我们仅把注意力集中在国家、民族宏大叙事的遗产体系是不够的，应当重视个体的、家庭的、单位的记忆。历史没有好与坏的不同，只有真与假的区别。每个人的生命都值得珍惜，每段历史都值得尊重。中国文化遗产体系不是一个最美建筑集萃，而是中国人的共同记忆。

ID 对于建筑师这一职业受到公众的广泛关注，您怎么看？

刘 其实建筑业有两方面状况，一方面个别建筑及建筑师受到媒体或者公众的追捧或批评，另一方面大量的建筑及建筑师又被媒体和公众忽略。我认为那些作为人民日常生活使用、并成为城市基调的建筑更重要，也希望公众及媒体重视这些建筑水平的提高。而对建筑师而言,没有重要的或不重要的建筑，只有设计好的建筑与设计不好的建筑。建筑师应当把注意力集中在建筑设计本身。我不赞成建筑师刻意地去包装炒作自己，我觉得建筑师更重要的是把设计做好，不能感动自己，怎么能感动公众。

ID 您对网络媒体冲击下的纸质媒体有什么建议？

刘 客观来说这个问题在世界已经被讨论了很多年了，平面媒体、纸质媒体，好像路变窄了。但是我觉得呢，任何媒体都是不可取代的，总有一群受众，就是喜欢这样一个方式。其实我觉得平面媒体最重要的是有没有自己明确的立场，有明确的立场就有明确的受众，它可能不是特别大，但它永远不会失去。END

1
2 | 3 4

1-4 汉阳陵陵外藏坑保护展示厅（2005年，陕西西安）
阳陵始建于公元前153年，是汉景帝刘启与王皇后同茔异穴的合葬陵园。设计将遗址环境与参观环境隔离，对跨越两千年的对话进行全封闭的保护

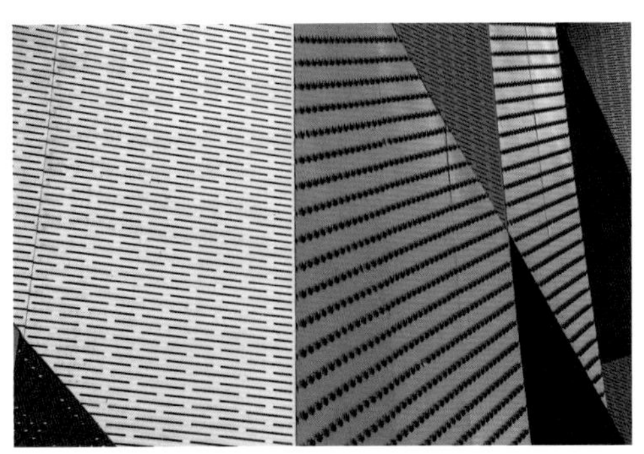

1	3 4
2	5

1-5　金陵美术馆（2013年，江苏南京）
前身为旧厂房。金属打孔板以现代语言在竖向上倒映着传统街区屋顶的肌理，通过叠加在立体上打磨空间，传统街巷延伸直至老工业建筑内部

1	4
2 3	5

1-5 大唐西市博物馆（2009年，陕西西安）
体量重复创造出多质的空间，切磋出遗失已久的夹道，狭长的空间将人的目光逼向天空，岩层一般的墙壁在广厦中唤起人对于往昔的沉思

石刻藝術館

1	3
2	4

1-4 西安碑林博物馆新石刻艺术馆（2010 年，陕西西安）空间内敛，以低调厚重的体量融入建筑群之中，入口的皂角树是对场所记忆的保留。灰砖排成瓦楞，混凝土在叠涩、收分

如恩设计：设计永远需要创新思维

NERI&HU: DESIGN ALWAYS NEEDS INNOVATIVE THINKING

采　访 | 刘丽君
资料提供 | neri&hu

ID =《室内设计师》
N&H = 郭锡恩 & 胡如珊

2009 年 7 月，“如恩设计研究室”位于余庆路的办公楼刚落成。跟随创办人夫妇郭锡恩与胡如珊的《室内设计师》编辑曾经记录过他们这些看法与思考：“如恩设计这个行业，在中国相对是新兴的。”“花很多时间在写东西上。在设计过程中把想法写出来，是非常重要的一环。”如恩设计将独具创新的自制设计产品以及极富辨识度的空间营造理念融合在一起，如今工作室已迈入第十年，可以说拓宽了国际和国内室内设计领域的边界与视野。这些“破界”的创新设计与永不停止的反思，今天看来依然具有前瞻性。

郭锡恩先生毕业于加州大学伯克利建筑学院，获建筑学学士学位；之后，又在哈佛设计学院取得了建筑学硕士学位。在创立如恩设计研究室之前，他在普林斯顿的迈克·格雷夫斯建筑事务所（Michael Graves Architects and Associates）任亚洲区项目总监一职十余年之久，并在纽约多家知名的建筑公司任职。
胡如珊女士毕业于加州大学伯克利建筑学院，获建筑学学士学位；之后又获得普林斯顿大学建筑及城市规划硕士学位。在与郭锡恩先生创立如恩设计研究室前，胡如珊女士曾任职于迈克·格雷夫斯建筑事务所，普林斯顿的 Ralph Lerner Architect PC，纽约的 Skidmore, Owings and Merrill (SOM) 以及旧金山的 The Architects Collaborative (TAC) 等著名建筑公司。
郭锡恩先生和胡如珊女士共同创立了如恩设计研究室（NERI&HU），一家立足于中国上海，在英国伦敦设有分办公室的多元化建筑设计公司。2014 年，郭锡恩先生和胡如珊女士被英国《墙纸》(Wallpaper*) 杂志评选为年度设计师。如恩设计研究室荣获 2011 年 INSIDE 设计节大奖，2010 年度英国《建筑评论》（Architectural Review）杂志新锐建筑奖及美国《建筑实录》（Architectural Record）杂志 2009 年度世界十大新锐建筑设计事务所。

ID 执业十年，您对中国市场发展的体会是什么？相比十年前，您觉得甲方与公众对设计的理解发生哪些巨变？

N&H 的确，无论是市场还是公众品位，甲方与消费大众，他们都发生了剧烈的变化。无疑，从这些变化看出他们日渐成熟的消费观念。设计领域发生的事件成为公众也会关心的话题，这是一个不可避免的趋势。设计思维与创新会成为下一波影响全球的潮流，新技术已经取代了人类获取知识的传统方式，我们就必须寻找一种开发自身的新方式。这就意味着需要创新。

ID 创办工作室至今，您对自己与工作室的定位是否如初？

N&H 我们认为这段经历令我们思维更开放，不会特别苛求自己选择泾渭分明的处事方式，对待不同观念也能更有耐心。所以目前工作室也做了一部分相应的调整。但我们对设计之挚爱，初心不变。

ID 面对工作室里的年轻人们，以及您曾执教的香港大学建筑系学生，您会以什么方式与他们沟通以及选择什么合适的培养方式？

N&H 我们十分看重与他们的交流、讨论与争论，特别是有针对性地面对某个问题或者某个项目的讨论，这对年轻人来说很重要。无论是作为老师或是建筑师，两种身份对我们来说密不可分。我们是把教授他们作为建筑师职业中的一个环节，当然，自建筑师这个职业存在以来，“师承”的传统一直都在影响建筑师职业的发展。

建筑师用学术教学的方式来“回馈”后辈。我觉得我们在未来几年中会将更多的精力投入进教育中。让年轻的建筑新人接受足够的专业训练、了解怎么在图纸中呈现技术、掌握建筑工程、以及理解建筑材料与体系等等，让他们做好进入复杂营造过程的准备。我认为除此以外还需要进行哲学训练，包括批评思维的培养，一个好的建筑学校需要平衡专业技能与哲学思考这两者的教育。而批评思维的教学部分是我最感兴趣的。因为一旦开始工作，建筑师会很快地掌握技术部分的知识，但对于一位思考者或者批评家则需要一定的学术氛围。建筑师在成为一个造房子的人之前，首先需要成为一个善于思考的人。

ID 目前如恩承接的大部分是商业项目，对您来说，如果可以选择，自己更倾向哪些项目？

N&H 我们自己更希望能拿到学校或者教堂这类项目。那些等同于精神国度的公共空间，或是诗意的存在，都是令建筑与空间成为神圣话题的缘起。商业项目为客户使用的空间，但那些服务于大众的文化建筑则有不同的价值，它们的文化标志性意义超过实用价值。

ID 能否分享一下如恩对空间、材料以及设计理念的看法？

N&H 我们做每个设计的时候都会做到最佳。要知道设计的美感或者好与坏都没有一个固定的规则。我们尽量不让自己固守成见，尽量打破自己给自己制定的规则。设计是需要自由地融入各种合适的设计方式，然后再将各种元素综合在一起，达到平衡，这一点很关键。我们尝试在所有设计产品中使用相似的元素。建筑、室内或是家具，都是采用这样的手法。在不同范畴的事物中，人们可以对生活以及美抱有抽象的概念，但是要去实现这样的概念，必须在这些不同类型产品中用不同的思考方式以及采取不同的处理方式解决技术层面的问题。

ID 如恩在中国，对国内设计师产生了不少辐射影响，比如对于家具的"正版"观念，您觉得哪些是中国本土设计师需要改善或者提高的？

N&H 中国设计师不应该害怕做自己喜欢的事情，对成功的衡量标准也并非金钱。我们认为缺少对职业的热情，有时候会伤害到中国的设计行业。商业上的急功近利会使人们失去自己的思想与灵魂。

ID 面临新媒体影响的设计媒体，您觉得中国设计媒体与国外的设计刊物相比，需要做哪些改变？

N&H 做原创的内容以及保持创新思维。

1	4
2 3	5 6

1-3 设计共和设计公社（2012 年，上海）
项目是一幢有着百年历史的清水红砖外墙的建筑，被列入第四批上海市优秀建筑保护名单。2010 年，由如恩设计研究室承接设计，在维持原建筑结构的前提下进行了改造、修缮

4-6 黑盒子—如恩设计研究室与设计共和办公楼（2009 年，上海）
设计灵感来自于飞机上记录数据的黑匣子。新办公空间的上面四层楼层代表着对话、想法、思考和研究，位于一楼的零售店则展现了那些随着时间推移被储存起来的想法

MERCATO

1	4 5
2 3	6 7

1-3 Mercato 餐厅（2013 年，上海）

Mercato 意大利海岸餐厅位于著名的外滩三号六楼，墙体由回收的老木头、天然生锈铁、古董镜、钢丝网还有黑板组成，带有重工业时期的墙面绘画及金属框架做成的包房，无不让人联想起外滩的历史长河

4-5 郑州建业艾美酒店（2014 年，河南郑州）

这座 25 层的建筑由 5 层高的裙房公共区域以及 350 间客房的主楼组成。这是如恩设计研究室目前接手过的规模最大、范围最广的多元化设计。通过探索不同的比例、肌理、材料及空间，如恩设计用各种各样的框架创造了一个设计文化档案陈列所

6-7 水舍精品酒店（2010 年，上海）

坐落在上海南外滩老码头新规划区内的水舍，是一座仅有 19 个客房的四层精品酒店，对这一建筑的改造设计理念基于"新"与"旧"的融合，原有的混凝土结构被保留还原，大量新加入的耐候钢，仿佛在叙述着这座位于黄浦江边的运输码头的工业背景

1 2	4
3	5 6

1-3 Pollen Street Social 餐厅（2011 年，英国伦敦）

餐厅坐落于伦敦名声显赫的梅菲尔（Mayfair）区，如恩设计研究室对这一餐厅的设计理念在於深入探讨“社交”一词的涵义，利用空间设计媒介用餐客人的相互交流，也与食物烹调艺术及用餐体验的连结

4-6 Camper 展厅及办公室（2013 年，上海）

展厅大量运用本地回收的木框以及灰砖作为搭建的主要建材，保留出自上海老弄堂的木材面板上人们的使用痕迹，用灰砖和木板镶嵌交错的设计语言。在配饰细节上，辅以同样回收得来的 1970 年代的自制水磨石水池、墙面走线水管等方式呈现

CAMPER

1	4
2 3	5 6 7

1–2 田子坊私宅（2012年，上海）

设计理念是重新思考并延续“分层式空间构造”这一弄堂建筑的典型特征，通过新的构筑物和天窗的嵌入添加更多空间兴奋点，强调了建筑特征的完整性，并使其适用于现代的生活形态

3 重叠房（2012年，新加坡）

为了向这一私人住宅项目业主的中国根致敬，建筑方案从中国北方地区极具地方特色的四合院汲取灵感。从本质上可以认为四合院空间化了中国的家庭生活理念，强调了中心区域是家庭聚集的空间，它表达了“私有”与“共有”的复杂关系

4 为Moooi设计的Common Comrades，参展2013年米兰设计周

5 “如恩制作”的结构桌子，SOLO系列单椅，漆器物件甜甜圈

6 为Moooi设计的皇帝灯

7 为Stellarworks设计的Ming系列椅子

ID 执业多年，您对行业的体会是什么？

陈 中国随着经济的崛起，设计行业也是日新月异，发展迅猛。国内特别是一些大的城市，几年过去整个街巷可能都让人不认识了，各种商业店铺基本也是两三年做一次形象更新。而在国外，有些店铺三五年都没什么变化，去过的街区基本还是老样子。我从业的这些年，也是中国设计在急速发展的阶段，它为一些年轻设计师提供了丰沃的土壤和兼容并蓄的创造环境，我非常庆幸遇到中国这个特殊的时代。但静下来，有时我也会反思，这么迅速的变化，是否也带来了一些盲目性？我们真的需要这么多不断变化的东西吗？这些变化是否会带来很多负面的作用？空气、水、土壤污染的日益严重，我们如何平衡迅速变化带来的负面影响？向发达国家看齐的标准，也让我们的传统文化日益萎缩，传统是一个民族的根，它代表了一个民族的独特性。中国人应该做符合自己生活习惯的设计，不必将自己放到别人的游戏规则里做无谓的比较，当自身文化足够强大的时候，本国的设计就会获得足够的尊重。

ID 室内设计圈或建筑圈，今天成为公众也会关心的话题，这些变化是您过去预想到的吗？

陈 衣食住行是人类永恒不变的主题。中国在经历过为衣食发愁的阶段以后，慢慢地会关注住行等其他领域的事情，将来也会对精神、道德、修养等等层面的东西有更高的要求，这是自然而然的事情。

ID 您的工作室从创立至今，对工作室的发展定位是否如初？

陈 工作室从行业领域来讲，发展定位经历了几次大的变化。从平面设计跨界到空间设计，期间还涉猎了家具设计、生产、销售领域。就我个人而言，经历了和朋友合作开咖啡馆、餐厅、酒店等，这些看似没有太多联系的事情，之于我，却是围绕着“设计”这个我比较擅长的事情而展开的。它们之间没有矛盾，相辅相成。

从研究方向而言没有变。我一直对如何将中国传统文化融入到商业设计的主题感兴趣，这个主题只要有合适的机会，就会呈现在我的设计作品中。特别是我自己创办的家具品牌、酒店项目等，能自控商业方向的项目，会融入研究性主题更多一些。而且从设计角度看，我认为的传统不是在文物堆里寻找历史的遗迹，传统流淌在每个当代中国人的血液里，它涵盖生活模式、行为习惯、道德标准、思维方式等各个方面，每个中国人当下生活的需求，也就包含了传统。传统是传承和统一前人社会经验概念的共识，传统应该是随着时代在变迁的,但它又有延续性，保留了一定时期的共性特征，这是一件非常有意思的事情，有时候从一款椅子的演变，就可以看到历朝历代的人文和生活习惯，设计师的角色类似一个观察者和表达者。我所寻找的传统,既要有中国人一直保留的共性，同时又要符合当代人的审美使用习惯。

工作室也一直在参与中国文化研究的项目，比如“融”米兰展（张雷策划），这个展近几年一直代表中国在国际设计舞台发出声音，特别有意义。

ID 怎么看待您的团队？

陈 我的团队，是一直在背后默默支持我制作满意的作品、一群执行力非常强的人。他们配合我实现各种想法，任劳任怨，非常感谢他们。同时，还有一些长期合作的外协单位，由于他们得力紧密地配合，以及愿意陪伴我不断尝试探索，才会通过磨合，慢慢做出一些相对满意的作品。

ID 平面和产品、空间设计之间仍然有一些在其他人看来难以逾越的鸿沟，您是怎么看的？您秉承的设计理念是什么？

陈 平面、产品、空间设计等，我认为只是表达的手段不同，思维原点是一致的。设计就是用不同的手段去解决问题，最根本的还是根植于头脑中的意念，从事物本质出发去思考问题,就能找到解决问题的根本办法。开始设计之前首先不要被头脑中先入为主的概念约束，大胆地去实践，只有做了才知道行不行。

我所秉承的设计理念是“合适的设计”。设计中最难的环节往往并非创新，而是在精确适配下的创造；同时，在设计中要遵循“适度”的原则。设计细节也非常重要，真正好的设计无不是在细节上体现设计师的动人之处。

ID 每个项目都必须亲自经手设计，所以您是个对品质有着极度高要求的完美主义者？

陈 设计这个行业，一方面是我谋生的手段，一方面又是我的爱好和理想。喜爱一件事物的时候，往往希望能尽善尽美地表达，设计这个行业又比较特殊，它根植于人的想法，所以往往没法请人帮忙，只有亲力亲为才能把想法表达好，一方面可能是自己要求高，另一方面是行业本身的特殊性决定。

ID 您创立“触感空间”家具品牌的初衷是什么？能简单介绍一下这个品牌吗？

陈 “触感空间”源自我对家具的要求，希望在纷繁的选择当中，通过自己设计制造的方式细细地去寻找更真实的自我。

“触感空间”家具取材优质原木，用传统的制作工艺精加工，保留原木本真充满灵性的触摸质感。原木经过设计加工变成家具，它的细胞仍是活的，还在呼吸。它像是有生命的活物,与我们一同生活,承载时光的记忆。

ID 您未来的发展规划是什么？

陈 设计是一种不可被定性的生活状态，与“被生活、被工作挟持”的状态恰恰相反。设计生活本身不是非要一个明确的动向和定义，如果可以顺势而为、自然而然可能是最好最有乐趣的方式。

ID 对于项目，您目前最满意的是哪方面（或者哪个项目）？

陈 对于项目我充满感激。特别感谢这些一路陪伴我成长的各个项目，里面包含了充分的信任、理解和支持。很多时候我觉得是被客户恩宠的，他们给我足够的空间表达和实现设计想法，并且不遗余力地予以支持去配合落实。每个项目成功的背后，其实都是一段充满信任、沟通良好的关系。

ID 如果不做设计，您会选择什么职业？

陈 我觉得是职业选择了我。每个人都有自身独特的部分，这个部分慢慢会发展成为自己独特的能力，当拥有这种谋生能力的时候，自然会相应产生谋生的手段。可能一开始，我并不知道自己适合做什么，只是根据喜好慢慢地寻找出口，当一件事情让我停留很久，并且乐此不疲的时候，我会尝试以它谋生的可能性，当兴趣点转移的时候，我也会随之调整工作方向和节奏，很多时候我都是跟着感觉走。

ID 能否介绍您经历过哪些不同的设计阶段？

陈 学校学习服装设计专业，就业后转行从事平面设计，2004 年创办陈飞波设计事务所，以平面设计研究方向为主，提供包括品牌定位、品牌视觉识别等服务，通过系统的解决方案，帮助客户建立及传播差异化品牌、创造具有生命力的品牌价值。期间运筹多项设计艺术推广与交流活动。2010 年成立设计师家具品牌“触感空间 Touch feeling”。家具以经典款为原型，通过对触觉、比例、工艺、视觉、细节和品质的思考，实现设计师质感生活的态度和理念。2011 年设计事务所转型以空间设计研究方向为主。凭借十余年品牌设计传播及品牌投资运营的行业经验，为品牌建立和传播提供了精准的表达语言。以资源整合优势，为客户提供以商业空间设计为核心，产品设计、视觉传播、展览策划等多途径互通有无的设计实现平台。END

速写

速写
CROQUIS

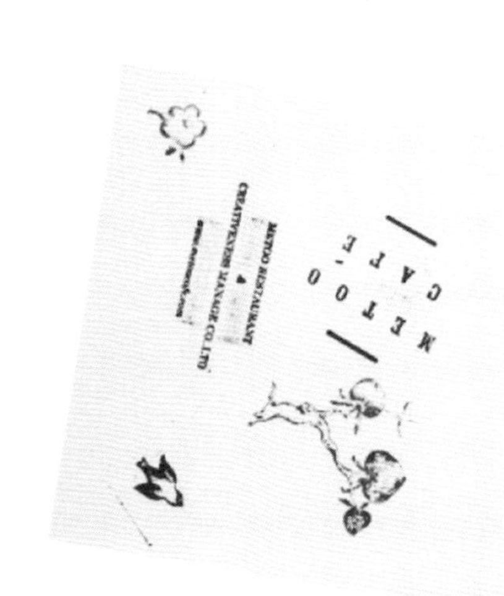

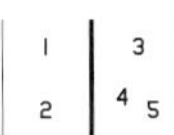

1 速写

2 六合房产

3 蜜桃咖啡

4 溱湖国家湿地公园

5 DBDD

速写

1	4
2 3	5

1 速写专卖店（2014年，浙江杭州）
速写专卖店改造设计理念基于"当代与中国"的融合。保留了速写原有追求人文鄙视浮华的当代精神，融入中式园林的设计概念，令速写独有的精神觉醒意识张然若揭

2-3 MILL 酒吧（2014年，浙江杭州）
MILL 是在杭州的一个静吧，它颠覆了传统酒吧喧闹嘈杂的概念，营造出安静轻松的对话环境，让真正只是想喝杯酒，聊聊天的人群找到了归宿

4-5 JASONWOOD 牛仔厨房（2014年，浙江杭州）
牛仔厨房是一个私人订制牛仔的品牌，就像是一个大厨房，以单宁布为原材料，根据你的不同个性、体型、需求，做出不同的牛仔服饰。设计通过充满质感的原木、铁、铜等材质，勾勒出一个开放而充满艺术设计氛围的新牛仔聚集地

1 天寓住宅项目（2014 年，浙江杭州）
空间里面大部分使用了触感空间家具，表达自然、当代、中国的设计理念

2 凯旋苑（2013 年，浙江杭州）
自然淳朴、复古未来的设计风格。配搭触感空间家具，金属与木质一刚一柔的对撞，融入复古未来风，另柔软的空间有了独特的气质

3-4 UTT 家具店（2014 年，浙江杭州）
主营与生活息息相关的国际家具及家居用品。融合品牌天然不造作的调性，空间设计上充分尊重材质本身的天然纯净感，不加多余的修饰，只是利用材质之间本身质感的对比，呈现出空间多元而统一的视觉感受

5 东韵广告（2014 年，浙江杭州）
工业风极简风格，配合精致的工艺，粗狂中透漏出设计师极为细腻的触感，干净利落却有力量感。空间里面全部使用了触感空间的家具，与后工业风的空间相得益彰

1	4 5
2 3	6 7

1-7 触感空间家具（2010年，浙江杭州）

"触感空间"是由陈飞波设计开发的家具品牌，家具取材优质原木，用传统的制作工艺精加工，保留原木充满灵性的触摸质感，留存岁月的变迁和时光的印记，感受生命与生命之间的灵性对话。设计师以经典款为原型，通过对触觉、比例、工艺、视觉、细节和品质的思考，实现"触感空间"质感生活的态度和理念

余平：瓦库十年

PING YU: TEN YEARS OF WAKU

采　访 | 刘丽君
图片提供 | 余平

从余平开始酝酿瓦库1号时期起，《室内设计师》就开始记录了他的设计理想与实践。
今天，瓦库系列已经衍生到10号作品。余平对瓦库的设计思考和实践也日臻成熟，并得到社会的认可。
2013年，瓦库7号获得亚洲最具影响力可持续发展特别奖。
就在余平准备实施下一个瓦库（海南博鳌）期间，他接受了《室内设计师》的采访，回顾瓦库10年与设计10年的点点滴滴。

ID =《室内设计师》
余 = 余平

余平，中国建筑学会室内设计分会常务理事，第五专业委员会副主任；
亚太酒店设计协会陕西分会会长；
现任西安电子科技大学工业设计系副教授。
代表作"瓦库"系列。

ID 2004年是您开始构想瓦库的起点，现在回过头看，您觉得当时是想从风格颠覆，还是单纯地喜欢瓦、想用这样的材质做设计?

余 2000年前后，我做设计与施工，大量地使用各种时髦装饰材料，注重装修的视觉效果。职业的原因，大量有害气体让我生了场病。当时就想躲一躲，这是思想和身体上的一个自觉。你看我们在建设这个城市，想要改善我们的环境，想要提高生活质量，结果我们过多使用这些材料伤害了自己，施工人群也是受害者，那下一个受害者又是谁呢?无疑就是使用者了。伤害自己又伤害别人，只是为了让空间变得漂亮，它的质量其实是下降了，把人的健康破坏了，我觉得当时中国装修的主流风向走偏了。后来，我在传统民居中找到了一些解决方案，经剖析它们的材料就是土、木、砖、瓦、石，都可以再生，而建筑师正将它们抛弃。我想，能不能用这些材料做室内设计，这是有益于自己也有益于他人的事。

ID 瓦库系列从1号到最新的10号，这一路走来的10年历程,您赋予它怎样的变化?

余 瓦库的设计，分为三个阶段。瓦具有情感，代表着生活的记忆，在有瓦的空间里，会让你静下来，交流情感，这是瓦库的第一阶段。瓦库的第二阶段，就是“生活质量从阳光空气开始”。这两年我有一个演讲题目叫“室内设计从阳光空气开始”。人真正长时间喜欢室内环境的原因是什么?我认为首先是建筑体内外畅通，符合人的健康需求。现在越来越多的公共建筑成为了一个个封闭的空间，把人关在水泥体和玻璃幕墙中，使用空调，让人形成一种对技术产品的依赖，长时间如此会危害到人的健康。那就把窗户打开，让阳光照进、空气流通。我设计的重点放在如何来开窗，开好窗后如何来通风，然后就是吊扇的运用，让这个传统的产品起到“吐故纳新”的作用。第三阶段就是近来，我开始思考“室内设计生命论”。我觉得我的设计走了这么一圈儿都跟健康有关，是生命论的一部分。

ID 能否详细解释一下什么是您认为的设计生命论?

余 首先是用敬畏之心面对阳光、空气和水——它们是生命之源。其次，是选用有生命属性的材料（可呼吸材料），如传统建筑材料土、木、砖、瓦、石；室内的软装织品我只用纯棉布品，固然它们会起皱、打褶、变色，但我认为这是它们的天性，天然的属性就是最美的，看你怎么用；还有可生锈的铜、铁等金属类，它们能随阳光、空气、水和时间而变化，这种变化实际上就展示了生命的历程，也是生命论的体现；另外还有水泥、陶瓷、涂料都会因接受阳光、空气、水而产生岁月感，与土、木、砖、瓦、石一样都会慢慢风化变老，经历从生到死的生命过程；还要说明一下玻璃，玻璃幕墙和生命没有多少关联，但如果是一扇可以开启的玻璃窗户，就是生命论的一个重要部分，打开窗户就是打开生命通道。相反地，无生命属性的材料，如PVC、不锈钢、瓷砖、化纤布等，它们不接纳与阳光、空气和水的交合，所以不会经历一个由生到死的过程，看似永恒，却没有生命。所以我把它们列为没有生命属性的材料，在我的设计里基本被拒绝使用，只在特殊功能区使用。我今后的设计语境中，主要还是以土、木、砖、瓦、石为主题的系列设计。

ID 瓦库系列的各个时期作品，正如您所说是不断发生变化的生命体，您会时常回去看看吗，有哪些会让自己觉得可以调整一下?

余 朋友们觉得我挺慢的，瓦库为什么都是一样儿啊。我觉得应该就是这样，本来就是慢生活、慢思考，让一个东西瓜熟蒂落，让它被时间慢慢改变。瓦库1号已过去10年了，自己看上去还挺有味道的，不是我设计的多好，而是时光岁月帮忙，桌沿磨出了边、墙皮泛出的黄、花草和瓦生长在一起——时光、岁月、故事。我相信当你把阳光、空气当做信仰的时候，它就会来帮助你用时光不断完善你的设计。你要做的就是对一个信念的不断完善，不一定要从一个模样跳到另外一个模样。要说回看自己作品的话，总觉得遗憾多多。所以，慢慢改进，最好的一定是下一个。

ID 您现在还在学校教设计，在学生的培养与工作室年轻人的沟通上，您有什么体会吗?

余 我教的是工业设计学生，室内设计基本功差一些。上课的时候，也会给学生讲讲我的室内设计实践,同学们会觉得听起来很好，做起来难。一接触到网络，大多学生就朝着明星设计师方向去了，走我这条慢思考、慢设计的学生，三年出一个，也只是我的愿望，还须努力。END

1 2	3

1-3 "瓦库"1、5、2号：第一阶段"情感记忆"
（2004～2008年，陕西西安、河南郑州）
在茶空间中以瓦的解构、重组之形式展开，设计方向着重表达往事记忆、情感回归及城市与乡村的对话，为都市精神增添了一份乡愁情怀

出口
EXIT

1 2	4
3	5

1-5　瓦库6、7号：第二阶段“阳光空气”
（2009～2012年，江苏南京、河南洛阳）
保留“瓦”之记忆的前提下，一步步完善，着重“打开窗户，让阳光照进，空气流通”的绿色设计主题。一切为阳光、空气让路，空间形态及平面布局随即而成，瓦和其他可呼吸的材料一起迎接、传递阳光空气

1	3
2	4 5

1-5 瓦库 10 号：第三阶段“设计生命论”（2012~2014 年，陕西西安）
在情感记忆、阳光空气的基础上，着重“室内设计生命论”的实践。
让室内材料更好地接应阳光、空气的到来，成为“可生长”的室内

218

1-4　左右客精品酒店（2012年，陕西西安）

作为国际精品酒店集团（Epoque Hotels）成员之一，用42万块砖砌成的倡导环保主张的设计酒店。大部分砖为回收而来的废旧砖头，保留了原始的凹痕与斑点，体现了设计师的“设计生命论”主张

李兴钢：胜景几何

XINGGANG LI: POETIC SCENERY AND INTEGRATED GEOMETRY

采　访 | 宫姝泰
资料提供 | 李兴钢建筑工作室

因为大院身份——中国建筑设计院总建筑师，李兴钢卷入了大国语境下的中国大建筑浪潮，作为“鸟巢”的中方总设计师一直站在风口浪尖；2008 年北京奥运后，他在国营大型设计机构的体制下，仍一直坚持从个体角度思考与实践，试图建立并形成自己的建筑立场及方法论。“几何与胜景”是他逐渐清晰的实践方向。

ID =《室内设计师》
李 = 李兴钢

李兴钢，中国建筑设计院总建筑师、李兴钢建筑工作室主持人，天津大学、东南大学客座教授，清华大学建筑学院设计导师。
曾获得中国青年科技奖、中国建筑学会青年建筑师奖、中国建筑艺术奖、亚洲建筑推动奖、THE CHICAGO ATHENUM 国际建筑奖；
举办作品微展“胜景几何”(哥伦比亚大学北京建筑中心 Studio-X)，并参加第 11 届威尼斯国际建筑双年展、德累斯顿“从幻象到现实：活的中国园林”展、伦敦“从北京到伦敦—当代中国建筑”展、卡尔斯鲁厄 / 布拉格“后实验时代的中国地域建筑”展等重要国际建筑及艺术展览。

ID 进入 21 世纪后，中国当代建筑师开始走出“大院”，各自开展自己的事务所，李兴钢工作室亦是于 2003 年成立，能给我们描述下当时的情形吗?

李 当时我所在的设计院为应对行业的国际化竞争，进行专业化机制改革，作为其中一项内容，为包括我在内的三位院总成立了建筑师个人工作室，有点类似西方的建筑师事务所的运作和工作模式，但隶属于设计院。

ID 作为建筑师，十年来您的工作有什么变化?

李 应该说变化还是很大，最主要的特点或许是项目更多、节奏更快，当然我在思想和实践层面也有很多进步。

ID 您觉得十年内建筑行业的环境、业主等有什么变化?

李 总体来讲行业还是有很多良性的变化和发展，职业环境和业主的品位、素质、水平都有大的提升，这也对我们的工作提出了更高的要求。

ID 今后有些什么探索重点?

李 我们今后的思考和实践要更加聚焦在让建筑与自然更为紧密的互动关系上，不只是建筑本体，也不只是一般的建筑和自然的关系，而是一种更加相互依存、共生共长的关系，一种与人的生活和哲学密切关联的状态的营造。

ID 您个人的设计理念近十年有些什么变化和发展? 您可以总结一下吗?

李 我关心和思考的方向，总体而言，是在基于中国这个文化背景和自然环境下的当代建筑实践上。对于传统和现代的关注是由衷的、自发的和始终都在的，但经历了由建筑、城市到园林、聚落，再到将对所有这些的思考贯通起来，最后转化为自己不断清晰聚焦的工作方向。回头看自己走过的路，其实线索一直都在延续不断，但它是由隐性和潜在的，自然发展为显性和明确的。如果说标志性事件的话，2013 年 9 月的“胜景几何”微展以及随后出版的《UED》杂志的《胜景几何》作品专辑，可算作是我对自己过往思想、实践的反思和沉淀，以及对今后工作的方向性明确。自己觉得有节点意义的作品有：华人学者聚会中心（本科毕业设计）、兴涛展示接待中心、复兴路乙 59-1 号改造、威尼斯纸砖房、元上都遗址工作站、绩溪博物馆等。

ID 您觉得建筑的本质在于什么?

李 适用、耐久、愉悦、与自然的共生互成。其中的核心在于人，为人类的生活提供物质和精神的理想遮蔽物。耐久是“坚固”的转化和延伸，我更愿意使用这个词是因为心目中的好建筑必须能经得住时间的考验，不仅是物理上的坚固不毁，并且能因时间而愈加焕发出感人的魅力和生命的光彩。

ID 您对工作室里年轻人的培养和沟通有什么心得吗?

李 我们工作室像一个介于学校和社会之间的中转站，既不是学院那样的温室，也不是社会那样的战场，希望年轻人在这里真正完成建筑师的职业培养，有些人继续留下来工作，有些人则离开这里独立开创自己的事业。我跟年轻人沟通的心得就是，把自己也当年轻人，努力做到无障碍地交流，真诚、直接，该坚持的坚持，该接纳的接纳。

ID 您对建筑行业的感悟是什么?

李 我的感悟是，建筑设计这个事，既有很个人化的成分，又非得是很多人参与的，而且完成周期长，所以做出好的作品不容易，特别在中国的国情下，很辛苦，很操心。但在这个过程中有所收获的时候，自然也会有愉悦和更强烈的实现感。

ID 建筑设计圈如今已成为公众关心的话题，这些变化是您过去预想到的吗?

李 建筑具有社会性，人人接触、人人需要，也人人可以有自己的看法。所以成为公众的关心话题是很自然的事，一点都不奇怪，这也是现代社会发展的必然。

ID 最近对于建筑师过度明星化的现象有些批评的声音，不知道您对这个问题怎么看?

李 任何行业或专业的精英人士或佼佼者引发公众的关注都无可厚非，但成为或“被成为”像娱乐圈一样的明星就太过了。建筑师是设计房子、盖房子的，自己手头的活干得好才最重要。检验建筑师的唯一标准就是他盖的房子。

ID 请对《室内设计师》提出一些意见与建议?

李 建筑师的明星化肯定跟媒体有脱不了的干系吧。我以为建筑设计杂志（或媒体、新媒体）终究还是专业媒体，当然可以兼顾大众普及和传播，但最重要还是要注重跟“建筑”这件事相关的人和事、话语和实践，过去、现在和未来。END

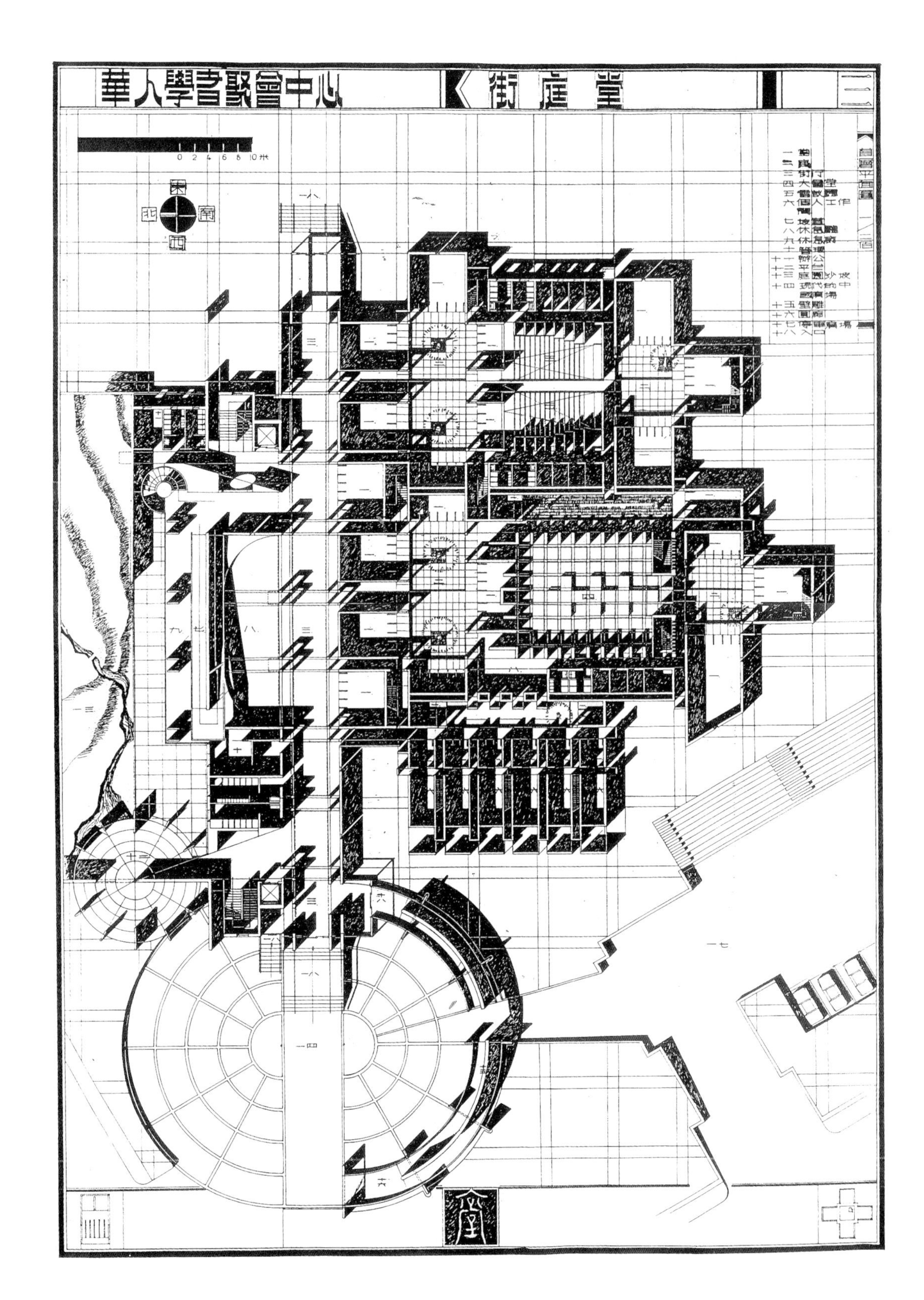
華人學者聚會中心
街庭堂
0 2 4 6 8 10 米
東
南
西
北
六 個人工作間
十一 辦公
十二 平台
十三 庭園沙坡
十四 現代的中國廣場
十八 入口

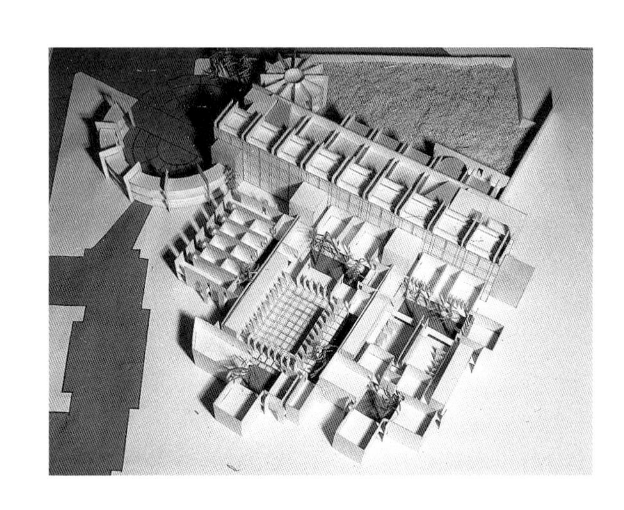

1-2 兴涛接待展示中心（2001 年，北京）

将售楼导购过程转换为游园行为；以样板间和展示接待厅分置构成迂回路线；快速建造，具有当代性

3-4 华人学者聚会中心—— 街亭堂（1991 年）

本科毕业设计。将建筑师对中国建筑与城市的个人理解，通过现代主义手法转换到建筑中

| 1 | 2
3 4 |

1-4 复兴路乙 59-1 号改造（2007 年，北京）
空间和结构逻辑通过映射控制表皮；垂直方向上的园林空间，以行进速度的区别将人的行为、视线与空间、表皮、景观糅合一体

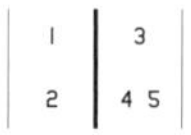

1-2 纸砖房（2008 年，意大利威尼斯）

汉川大地震给建筑师带来的反思，意图以“纸盒”轻质构造减少建筑材料在灾害中对人的伤害，并对中国大量和快速的建设作出反馈

3-5 元上都遗址工作站（2012 年，内蒙古正蓝旗）

形式与地域性构筑物的母题进行呼应，在自然条件下建筑采取了低调合宜的态度，诗意灵动的空间排列

| 1 | 3 |
| 2 | 4 5 |

1-5　绩溪博物馆（2013年，安徽绩溪）
基于徽派建筑与聚落的文脉，以自由的连续屋面形拟周边山势水系，尽量保留基地树木，抽象表达传统意象"假山"和"园林"

李玮珉：生活美学

WEIMIN LEE: LIFESTYLE AESTHETICS

采　访 | 徐明怡
资料提供 | 李玮珉建筑师事务所+上海越界

ID =《室内设计师》
李 = 李玮珉

作为较早一批进入中国内地的台湾设计师，李玮珉在内地的发展方向清晰，这位经验和成果都很丰富的设计师，一直保持着内心的敏感和某种固执，他的设计足迹已遍布全国，各地大城市的“地王”大多出自他的手笔，上海九间堂、北京万柳书院、厦门恒禾七尚、广州侨鑫汇悦、朱家角涵璧湾……他坚持将这些样板房设计为“生活美学”，他认为：“设计就是承载自己对于生活的期望，透过空间的方式呈现出来和别人分享。”

李玮珉，中国台湾淡江大学建筑学士，美国哈佛大学建筑暨都市设计硕士，美国哥伦比亚大学建筑硕士；美国纽约州注册建筑师、中国台湾注册建筑师；曾在新加坡城市重建局任建筑师暨都市设计师，后又在美国 Ehrenkrantz&Eckstut，Architects 建筑师事务所担任建筑师工作；于 1991 年创建同名建筑师事务所，1995 年创立越界室内装修工程顾问股份有限公司。

ID 十年前，您已是住宅设计领域的金字招牌，创作了九间堂等脍炙人口的作品，可以谈谈十年来，您的设计有什么变化吗？

李 十年前，上海九间堂是我们比较有代表性的项目，但十年后，这种项目对我们来说是很普遍的。十年前的市场倾向于诸如星河湾这种新古典风格，但现在的市场更多元了，我们会有很多尝试的机会，比如北京万柳书院、昆仑公寓、厦门恒禾七尚等，我们做了很多"地王"项目的设计。十年前的星河湾模式是在任何地方都可以复制的新古典元素，但我们现在做的是更当代、更时髦的现代都会模式，我们希望每个都市都有自己的特色，所以，我们的设计会根据城市量身定做，而不会空降一个模式，这是我们工作中很有代表性的方法。万柳书院是个位于北京西城区的项目，那里的传统街区并不像东城区那么时尚、跟机场更近，所以我们整个基调考虑是用中式的设计，墙面使用灰砖，但内部空间还是很现代，我们希望把现代的生活方式带到西城区去；深圳是个非常开放以及国际化的城市，与北京就完全不一样；厦门则是个与海湾相关的城市，附近就是码头，所以每地都有不同的特色。

ID 目前的主要业务还是住宅设计吗？

李 作为一个设计团队，我们还是希望扩展自己的领域。大环境在变，生活在扩展，我们的设计范围也由原来的住宅扩展到休闲、酒店以及旅游。我们跟着这个潮流顺水推舟，随着社会的大环境在前进。我们现在除了住宅设计外，还有大块业务是在做酒店设计，比如三亚海棠湾的四季汇就是四季酒店的延伸。与 HBA 不同，我们想用一种全新的、不太一样的方式去做酒店，农村包围城市吧。十年来，我们都希望往这个方向靠一靠，我们的设计会和人的生活发生关系，我们不太适合去做那种非常快速而商业化的设计。那种闹哄哄的设计就像卖手表、卖化妆品的，我们希望对生活更有积累和关心。

ID 您的公司规模在这十年中有变化吗？

李 十年来，我们公司的规模没有变大，也没有变小，这与我们公司的理念有关。我并没有将公司做企业化经营，也不希望将自己公司变得更大、接更多的案子，这不是我的风格，我希望像工作室一样经营自己的公司，做自己想做的事情。所以我的回答就是，我们没有什么改变。但是外界变化很多。

ID 在您看来，外界的变化是怎样的？

李 我觉得变化非常大。十年前我们刚去米兰看家居展时，国内同去看展的大多是去仿造家具的厂商。如今，中国设计师的经济能力与眼界都在提升，整个环境非常好。很多本地的设计公司都做得越来越好，当然，有些细节与品质仍有所欠缺。在中国，设计这个行业现在就是青春期，以后会发展得更加成熟，现在很像春秋战国时期，百花齐放。

ID 您刚才提到，希望像工作室一样去经营您的事务所，可以介绍一下您公司的构架吗？

李 百人是上限。我们有三个工作室，分别在台北、上海和北京。我没有合伙人，就是"独裁"的事务所。但是我们三个办公室都有建筑和室内设计的总监，他们跟我们都是长期同事了。我们很早就有很清晰的公司制度，员工就是通过员工手册来管理，制度建立后，大家都服从制度，也就省去了人力管理成本。剩下需要管理的，就是设计品质。设计总监会负责设计流程与质量，我主要做的是去和客户沟通，了解客户的需求。我的工作重点还是放在设计上。

ID 您对公司的未来发展有什么期望吗？

李 虽然说公司登记的性质变了，但是工作内容本来就是多样的，我们认为自己是设计文化的一部分。我觉得只要给予足够的时间，就像中国手机可以卖到国外去一样，中国的设计师也会在累积经验之后，转变为输出。这种输出不是单向的，而是交流的输出。有些地方的人很喜欢中国设计师看待世界的方式，不管是用传统的形式还是现代的形式，我们也很乐观其成。我们也在纽约有个办公室，十年后，这个纽约的事务所可能什么都没做，也可能轰轰烈烈地做了很多案子，我觉得这些事情都会发生。有些中国的设计公司有机会做一些境外的项目，把自己的设计理念跟另一方去交流，或者把设计当做奥运会那样一起去切磋，达到更高的层次，这也是我一直期望的。

ID 近几年，设计媒体发展得非常快，您如何看待设计媒体与设计之间的关系？

李 作为"第四种力量"，媒体往往可以制衡其他力量。因为不涉及政治，设计媒体在中国得到了很好的发展。但媒体数量多并不一定是好事。有一个奥斯卡是好的，有一个诺贝尔奖也是好的，但如果有 1000 个，就没有意义了。中国目前拥有太多设计奖项，我认为这些奖项都挺虚的，太急功近利了。除了拿奖的人"虚"以外，媒体也利用这些噱头创收。但历史最终会有个淘汰的过程，可能十年之后，留下来的只有少数。每个时代都是这样，本来都是有很多杂音。但是，我觉得媒体真的很重要，日本建筑师能够在世界舞台上推广他们的设计，是因为他们的媒体很厉害，日本的媒体可以强大到让日本设计师通过媒体与世界对话。中国的媒体还没有到这个地步，只是在设计师的营销以及各种设计奖项上做了很多，但都太过头了。目前，中国的设计媒体大多拉着洋面孔，是外媒的输入版。作为设计师，我很期待市场上出现有力的媒体，而中国的设计市场也已大到可以支撑这样的媒体。但什么时候才能产生这样的媒体，将中国设计推出去？目前，我还没有看到，这也是一个小小的遗憾。

ID 在您看来，为了令中国媒体与日本媒体看齐，中国媒体可以做些什么？

李 我不是做媒体的，我不太清楚内部的机制。但是我清楚我们设计师要做什么，我们唯一能做的当然就是告诉自己，要静下心来把手边的东西做好。媒体也是这样，千万不要把自己当成是广告的载体。

ID 确实，业界很多批判的声音也认为，如今的媒体行业，尤其是设计媒体行业更像快速消费品，媒体与设计师之间的合作方式主要就是"包装"，对此，您怎么看？

李 对，因为媒体也不能老是拉我们去包装，我经常做的就是去陪衬那些被包装的。杂志不能总是放这些被包装的人，会很难看，我们就是被推出的那一排招牌饭旁边那棵很清纯的萝卜。

ID 请对《室内设计师》的未来发展提些建议吧。

李 静下心来好好做事，不要做太多广告。虽然我不确定纸质媒体是否有存在的必要，但中国确实非常需要有国际影响力的媒体，这样，才能让中国的设计师站到国际平台上去对话和竞争。END

1	3 4
2	5

1-4 涵璧湾别墅（2010年，上海）

涵璧湾位于上海青浦，建筑由张永和操刀，室内由李玮珉负责。其室内设计突破了传统中式的风格，将现代元素和传统元素进行了完美的融合，有其独特的东方禅意韵味

5 晴山美学馆（2007年，中国台北）

坐落于台北南京东路小巷内的晴山美学馆有着安静而优雅的建筑外观，纯净的造型与环境相融，令其与周围的街景产生了对话。L型采光面开设了不规则排序的几何式窗口，为各楼层展开了丰富的视角变化

1	3
2	4 5

1-5 勤美璞真接待中心(2011 年，中国台北)

由一虚一实的两个 BOX 相互错叠构成。利用错综的圆柱支撑漂浮于水面上，水景上的几何山石设计者利用分子的架构，运用最精简的线条勾勒，支持接待中心 10m 高的圆柱，又不完全垂直水平呈现，反应出树林树枝的向阳性所呈现的自然生长状态，藉由半透半反射的空桥森林美景映入着地，回应基地面对自然的森林公园

| 1 2 3 | 4 |

1-4 昆山巴城兰亭园会所设计（2012年，江苏昆山）

设计师重新思考了传统园林的类型学，对室内进行了重新的诠释与改造。精细的现代材料组合营造出传统南方建筑含蓄而优雅的氛围，白色占主导地位的空间中，那些暗色古铜边框的细节形成了去物质化的诗意，胡桃木色的板条唤起了人们对于民居中木梁桁架的记忆

1	4
2 3	5

1-5 恒禾七尚别墅（2013年，福建厦门）

恒禾七尚是个现代主义风格强烈的豪宅项目，作为室内设计师，李玮珉用一种相对低调自律的方式，呈现符合地域特色的现代都会风格，木材、玻璃、石材的经典组合令空间简约而时尚

ID 您是毕业于室内设计专业的第一批研究生，回顾当年读书时代，对您后来的设计有哪些影响？

张 我们那时候毕业出来，感觉设计院里还是本科生更多一点。连续好几年，大家普遍认为研究生学历对室内设计行业有点华而不实。后来清华美院、中央美院等院校的环艺方向研究生教育相对成熟了，在实践中证明研究生阶段学生学到的调查研究－发现问题－分析问题的方法，对于快速抓住现状问题，找到设计策略是十分有效的。我的导师王先生常说，设计是分析问题、解决问题的过程，这种设计的切入角度让我在随后的设计工作中获益良多。

ID 您怎么看待室内设计这十年的变化？

张 可以说远点，这20年的变化吧，第一个10年是入门的10年，中国室内设计开始有市场的专业设计需求，培育自己的设计师，寻找自我的设计方式和方法；第二个10年是成长的10年，室内设计行业越来越成熟了，行业领域进行了细分，许多设计团队经过10年的积累，或者在特定专业领域里积累总结了一定的专业经验，或者逐步形成明显的个人风格，逐步走向规范和成熟。我应该算是随着中国室内设计成长的这20年一起成长的设计师。在这20年中，人们的生活需求和情趣发生了很大的变化，业主的成熟度也提高很快，和设计师之间形成了相互促进的关系。

ID 在您的从业经历中，有哪些项目觉得比较满意？在与业主的沟通中，您有什么体会？

张 我这个人过于追求完美，每个项目都觉得有不完善的地方。当然室内设计是一门折衷的艺术，需要各方面的相互妥协，最后出来的结果肯定是折衷的。面对业主，我觉得设计师要有倾听的智慧，一定不能被业主牵着鼻子走，沦为业主的画图匠。因为业主是非专业的人士，无法用专业的语言来表达自己。作为设计师需要慢慢听得懂业主要什么，寻找到业主真正的需求在哪里。整个过程很好玩的，你真正理解业主，拿出的东西解决了他的问题，他会非常高兴。这也是一种成就感，就像看病一样。我觉得室内设计首先是服务业，你真的能给业主带来惊喜，而且指出怎样的状态方式是更适合他，怎么帮他节省投资又能保证回报，你们就会相处得融洽。

ID 十年前，室内设计领域的“大院人”与“个体户”，这两种不同身份或许会直接影响到他们项目体量与质量。十年后，室内设计领域逐渐与市场接轨,您觉得今天的“大院人”是什么样的状态？

张 “大院人”一方面受益于大院平台的滋养，在维护品牌光泽方面苦苦坚守、忍辱负重，不能做任何砸牌子的事；另一方面暴露在市场竞争的冲击下，为了达到每年更高的产值要求在玩儿命拼搏，拼实力、拼专业、拼服务、拼创意，围圈领域，伺机突破。这段时间我碰到一些事儿，问题的缘起并不是单纯的设计问题，而是设计师面对市场问题的应对。最近有个项目，我们花了很大精力把业主的需求、空间的逻辑理顺，十分投入地做了一套设计方案，业主非常满意，就在要开始施工图的时候出了问题。项目不在北京，而当地一家设计公司对业主实行全天候贴身服务，为了拿项目说了不少“拍胸脯”的许诺，业主动了心，把项目施工交给了他们，并且语重心长地对我说：“我们非常肯定你们的能力，但是他们可以免费画施工图呀，不用白不用啊，他们画你们来审吧。”一番折腾后，项目停滞不前，周期拖延，技术问题解决不到位，承诺不兑现。而过程中我们一直给予服务、协助、指导，最终让业主认识到我们真正为他解决问题而赢得信任，没有在这场施工图保卫战中败下阵来。类似的事儿不止一次，可见“大院人”在市场也不好混，相信凡是有真功夫又肯诚心服务的才会混得长远。

ID 您怎么看未来十年室内设计的趋势？

张 什么样的市场就有什么样的室内设计。市场多元化、专业化、产业化需求会导致室内设计多元化、专业化、产业化；地球环境问题越来越严峻，所以低碳环保是大趋势。期待设计师越来越专业、职业，越来越有社会责任感。END

1	4
2 3	

1–4 VICUTU 企业办公楼室内精装修设计（2014 年，北京）
原办公楼为 20 世纪 90 年代初所建的框架结构建筑物。室内设计改造时，在整栋楼的外侧加建共享空间，以结合 logo 设计的索式玻璃幕为新立面，借用共享空间形成丰富有趣的六边形空间单元

1 2	4
3	5

1-3 无锡新区科技交流中心（2011年，江苏无锡）
设计以“水上梅园”为主题，充分整合建筑内部空间形成清晰的逻辑秩序，构建出具有“园林”层次的室内空间

4-5 山东广电中心（2009年，山东济南）
室内设计延续建筑界面，在浑然一体的空间背景下，反映山东当地文化、地域特点又带有媒体特征的设计主题，利用现代技术手段营造“媒体之城”空间氛围

1	2 3

1-3 北京外国语大学老图书馆改扩建项目（2013年，北京）
设计保留了老建筑的梁、柱、框架结构，突出了结构的框架构成感，核心部分被改造为层层递退的五层共享空间，开放式的大楼梯连接起了每一层的藏阅空间

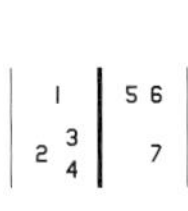

1-4 昆山文化艺术中心（2013年，江苏昆山）

分为演艺中心和影院两部分。建筑语言大气疏朗，伸展舞动，取江南山水舒展之型，得昆曲高阶典雅之意。室内空间延续了建筑语言，以水袖为贯穿空间的主题

5-7 北京雅昌彩印天竺厂房综合楼（2003年，北京）

这是一次室内设计对建筑灵魂的诠释。在设计立体画廊时，从地下空间直接引向四层屋面，阳光则从顶棚泻下，在空中书写了“雅昌”的名字

陆嵘：寻找设计的文化认同

REBECCA LU: IN A SEARCH OF CULTURE IDENTIFICATION

采　访 | 费斯
资料提供 | 上海禾易建筑设计有限公司

陆嵘设计的无锡梵宫，引起了设计界的极大反响，之后她设计的灵山精舍又采用了完全不同的设计语境。她将传统文化的精髓融汇进现代设计之中，尝试对不同的项目采取不同的设计策略。在采访时，陆嵘认为在设计中重拾中国文化，恰恰是他们这代设计师亟需促成的设计文化认同。

ID =《室内设计师》

陆 = 陆嵘

陆嵘，同济大学建筑学硕士，高级室内设计师。
毕业后进入华东设计院室内设计部工作，目前担任上海禾易建筑设计有限公司（原 HKG Group）建筑咨询有限公司中方设计总监。
主持无锡灵山梵宫室内设计、上海世博洲际酒店室内设计等多个项目。

ID 一直有个疑问，您读本科时是直升进同济大学，为什么会选择室内设计而非更热门的建筑方向？

陆 我当时直接选择室内设计方向而不是建筑，因为觉得做房子我可能控制不住，室内的话还行。现在讲要扩展室内设计这个概念的内容，其实我们读书时就涉及到，人在内部空间活动时所有眼睛看到的东西都是可以被设计的。比如现在做酒店，从桌布到菜单的设计都会纳入考虑范围。这个行业就是从螺丝钉到布都要搞清楚，因为所有的细节都影响到空间内部。

ID 您受的室内设计教育还是在建筑学的框架下，当您毕业后进入华东设计院室内设计部工作时，在设计的风格上会有什么变化吗？

陆 的确，很多从建筑体系过来的设计师会比较排斥装饰性的设计，我自己就碰到过这种情况，我们学校的教育背景告诉我们这个是不可以的，“装饰即罪恶”嘛。在华东院，室内设计的图纸在被审稿时就会碰上被认为是“不合理”的现象，审图者会觉得装饰性设计有悖于设计原则。这就要求设计师要有很好的弹性思维，因为这是为业主服务的项目，业主希望设计师呈现装饰，那设计师就要在内心打通这关卡，研究装饰工艺的东西，否则，画每一笔都会很痛苦。一开始我的方案还是比较简洁的，后来我发现，既然走了装饰工艺的路，再用现代语言切进去的话，反而不伦不类。那时候就得逼着自己抛弃现代主义的理念，研究工艺精到的传统技术。在这点上，我比较包容，要从各个角度去探讨，风格可以怎样接近空间的特质。

ID 无锡梵宫项目是您做的第一个大型项目，能分享一下当时设计的经历吗？

陆 因为在华东院，平台非常好，当时业主也和我领导说过，怎么请了这么一个年轻女孩来做设计。我的运气比较好，室内设计本来也是华东院非常年轻的团队，又是新成立的部门，大家都有点初生牛犊不怕虎的精神。做这个项目，我们花了很多时间做前期考察，去了莫高窟、云冈石窟等代表性的佛教圣地，业主也给我找了不少艺术顾问。但真正做项目时，我面对的梵宫，是一个现代空间。按照业主的要求，需要宏大雄伟、空间高而开阔，又与西方教堂建筑相似。在处理设计方案时，我们按照艺术性的级别不同对空间进行了分类，有些空间需要留出来邀请艺术大家来创作，有些则需要我们画出艺术构件后交给厂家深化及制作。很多设计工作都不在现场完成，木雕在东阳、有些灯具制作放在广东，天南海北的点，整个过程的管理和控制十分庞杂。这对我来说也是个非常难得的机会。

ID 从梵宫到精舍，两个项目体现了您的一些变化，会觉得是自己个人风格上的变化吗？

陆 设计师不会定下来自己非要做什么风格，当然精舍的确是自己很想要尝试的改变。梵宫的设计是要满足一部分业主的特定需要，所以做精舍项目时，我自己也在静心思考、研究什么是禅道。可以说这是两种类别的设计，梵宫是旅游建筑，精舍是度假建筑，在实际操作上差别很大。说到弹性的大小，我觉得很多设计师都能做到，只要有项目的机会都可以走得通，我自己的确是机会比较好。有趣的是，在梵宫和精舍建成后，的确有很多业主是看到了这两个项目后来找我们的。尤其是现在，因看到精舍来找我们的人越来越多。

ID 这是否也意味着精舍中呈现的传统文化已经成为当下的趋势？

陆 前几年我就感觉到了，因为我们毕竟是中国人，血液里的东西改变不了，而且设计跟生活的方式有很大关系。毕竟我们过去经历了很大的变革，传统的好的东西我们看不到了，当我们刚开始接触文化时，看到的东西都是西方的，所以我们觉得好东西就是西方那种风格。当过了这个阶段，我们又会重新去挖掘中国传统文化，让人们看到，其实我们老祖宗留下的东西完全不是破败的，完全是可以让它再次发挥光彩，这也是我们骨子里的文化认同。END

1 2	4
3	5 6

1-3　无锡灵山三期工程梵宫（2008年，江苏无锡）
灵山梵宫是以中国佛教文化为主题，将中华传统木雕、铜雕、石雕、玉雕、琉璃、瓯塑、手工壁画等装饰工艺融入其中

4-6　无锡长广溪湿地公园蜗牛坊（2012年，江苏无锡）
无锡首家“都市慢生活”的创意餐厅，结合建筑周围的生态环境，用自然质朴的材料与之相呼应

1 2	4
3	5

1-3 大隐于市的四合院（2014 年）

在整个室内设计中，设计师以中华传统文化中的“儒 、释 、道”为母题，运用“竹、木、石、水、影”不同材质与光影的融合，使人们能够身临其境地感悟中华传统文化的精髓

4-5 世博洲际酒店室内设计（2010 年，上海）

设计师巧妙地将上海的城市精神——融汇的文化用隐喻的手法渗入整体的空间及众多的细节之中，将东西方文化的交流与对话在因世博盛大召开而落成的高尚酒店中展开

1	3 4
2	5

1-5 无锡灵山精舍（2009年，江苏无锡）
围绕竹林精舍主题，运用天然质朴的材料打造出禅意的空间感觉。材料包括原木、青砖、自然锈斑的古铜、青石板、老木地板等

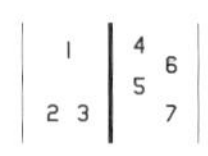

1-3 无锡灵山小镇·拈花湾系列作品之样板区

（2014 年，江苏无锡）

这几栋小楼有着各异的风格——中式禅居、浓墨禅屋、异国禅韵、清雅禅音、南亚禅境。通过运用颜色、材质等设计语言，拉开感官差异，呼应着各自的主题

4-7 无锡灵山小镇·拈花湾系列作品之售楼中心

（2014 年，江苏无锡）

所有的室内设计均基于前期精心的项目定位、策划，才度义而启动，在设计构造上，运用了"竹、木、水、石"这些最天然的材料

ID 您最近在做些什么项目？哪些是您有兴趣的，哪些是公司运转上例行公事的，请分别介绍一下。

张 最近事务所有很大型的项目，200万m^2的拆迁安置房；也有很小型的项目，200m^2的乡村建筑。此外，我们还在做很多文化类型的项目，比如扬州市科技馆、无锡市少年宫、南京秦淮源博物馆等。

ID 之前采访您的时候，您提到在您的建筑生涯开始时，1998年洪灾对您的影响非常大，从而提出了"基本建筑"的观点，近十年过去了，您现在一直强调的是"对立统一"，这其中的变化是什么？

张 "基本建筑"和"对立统一"实际上都是强调建筑和生活的关系。"基本建筑"强调用最简单、最直接的方式去回应复杂的需求，这些多多少少是一种处理建筑的手法，实际上讲的是一种职业精神，一种专业性。而作为职业建筑师，在不断的实践中会将越来越多的注意力投射到对待生活、对待自然的态度上去，故"对立统一"更强调归属感和人文性，希望在设计中将当代的建造方式与审美价值与地域环境与文化相结合。

ID 您目前也从事了很多乡村的实践，对目前日趋流行的"乡土建筑"，您的观点与策略是什么？

张 乡村实践应该是去学习而不是给予，应该是尊重而不是改变。乡村实践没有什么捷径，你必须要深入农村，向没有建筑师的建筑学习，最后实地考察的次数和项目的最终质量是成正比的。

ID 您欣赏的建筑是怎样的？

张 不矫情，不装，简单明了。

ID 十年前，大多数实验建筑师反复强调与埋怨的都是没有合适的甲方以及甲方与政府所施加的压力，而实验建筑师亦一直希望拥有绝对的自由与掌控能力，对此，您多年的战斗经验是如何的？针对这一矛盾，您怎么看待？

张 优质的业主永远都是项目成功的保证。我对于项目一直保持不放弃，不勉强的态度——不放弃对建筑理想的追求；对现实条件下不可避免的限制也不勉强。

ID "中国牌"的策略如今已从艺术界衍生至建筑界，越来越多的设计师会更多地在作品中体现中国元素，您如何看待这一现象？您认为这一发展趋势对中国建筑界的影响是什么？

张 通过元素和符号去表达生活是一种急功近利的心态，虽然文化最终是通过物质形态的方式表达出来，但反之却无法成立。作为建筑师要想真正地将中国传统文化融入设计没有捷径，必须专注地沉下心来向生活学习，向没有建筑师的建筑学习。

ID "建筑"从小众化逐渐演变为大众话题，您对这种变化有什么评价吗？

张 在社会经济的推动下，建筑行业和个人都成长得很快，看似热闹，而在未来却不一定能留下很多东西。这个行业真正成熟起来将会在未来经济发展没那么快的时候，项目没有那么多的时候，建筑师有更多时间思考的时候，届时这个行业会走出青春期变得更加成熟。

ID 您之前担任南京大学建筑学院的副院长，也是设计院的院长，现在只担任教授和总工，是什么原因促使您放弃这些光环，专心只做设计呢？

张 我希望能更加专注地做一名职业建筑师，那是我的兴趣所在，也具有更多挑战。

ID 在21世纪初时，您作为先锋建筑师的代表，在大学任教的同时亦兼顾自己的小型工作室，但十几年过后，您的事务所的规模已越来越大，且承接的项目也从最初的一些实验性为主的项目到如今涵盖各个领域。能否谈一下，这些年转变的过程以及原因？

张 在中国先锋建筑是很特别的，往往问题比特点多。其中有相当多的没有被正常使用，甚至成为烂尾楼。我对实验建筑不是特别持正面态度，所以我认为一个真正好的建筑必须满足很多标准。我更愿意做一个职业建筑师，而做一个好的职业建筑师比做一个好的实验建筑师要难得多，接受的挑战也多得多。

ID 事务所的名字从"张雷建筑工作室"已经更改为"张雷联合建筑事务所"，有什么意图吗？

张 更希望事务所是一个开放的平台，更多优秀的建筑师可以在其中得到成长。

ID 对于工作室里的年轻人们，您会以什么方式去沟通与培养？

张 我认为建筑设计的培养还是应该以传统的师徒传承的方式。目前事务所绝大多数项目，无论是所谓生产型项目还是实验性项目，我大部分都会去控制，在实践项目的过程中让大家得到培养。

ID 您对您的工作室以及您个人未来的规划是什么？有什么预期？

张 我希望事务所成为有特点的、有批判精神的专业事务所，在未来减少对我个人的依赖。我个人则希望有更多的机会深入乡村，向没有建筑师的建筑学习。

ID 请对《室内设计师》提出一些意见与建议？

张 随着新媒体影响力的扩大，信息发布速度比传统媒体更快，受众面更广。而传统纸质媒体要想在新媒体的冲击得以生存，不光图片编辑及印刷要更加精美，同时要增加技术性图纸的版面，向读者更加深入地展现建筑实施的过程而不仅仅是图片的展示。END

1	3
2	4

1-4 郑州郑东新区城市规划展览馆（2011年，河南郑州，© 姚力）
该项目体现了向城市开放所表现的姿态，展览馆首层局部架空形成了城市与建筑之间的灰色区域，通过它很快将街道的活力注入场地，而被玻璃百叶表皮包裹成立方体，给开放的漫步动线设置了一层半透明的界限，整个架空上部的体量变得完整

1	4
2 3	5

1-3　万景园教堂（2014年，江苏南京，© 姚力）

万景园教堂位于南京河西，这是张雷第一个正式落成的小教堂，钢木结构的小教堂具有平和的外形与充满神秘宗教力量的内部空间，该教堂的施工周期仅45天

4-5　金陵神学院大教堂方案（2005年，江苏南京）

金陵神学院大教堂是张雷完成的第一个大教堂方案

1	3
2	4 5

1-2 混凝土缝之宅（2007 年，南京，©Iwan Baan）
本项目位于南京市颐和路公馆区内，周围房屋都始建于 20 世纪 20 年代。设计师并未使用灰色的砖头作为材料，而选用水泥创造了一种抽象的房屋形式

3-5 南京大学戊己庚楼改造（2013 年，南京，© 姚力）
位于南京大学内的戊己庚楼现为张雷联合建筑事务所的办公室，其建筑形式以中国北方官式建筑为基调，卷棚式屋顶，筒瓦屋面，外墙为青砖清水墙；建造方式则采用了当时西方先进的钢筋混凝土框架结构，与砖木结构相结合

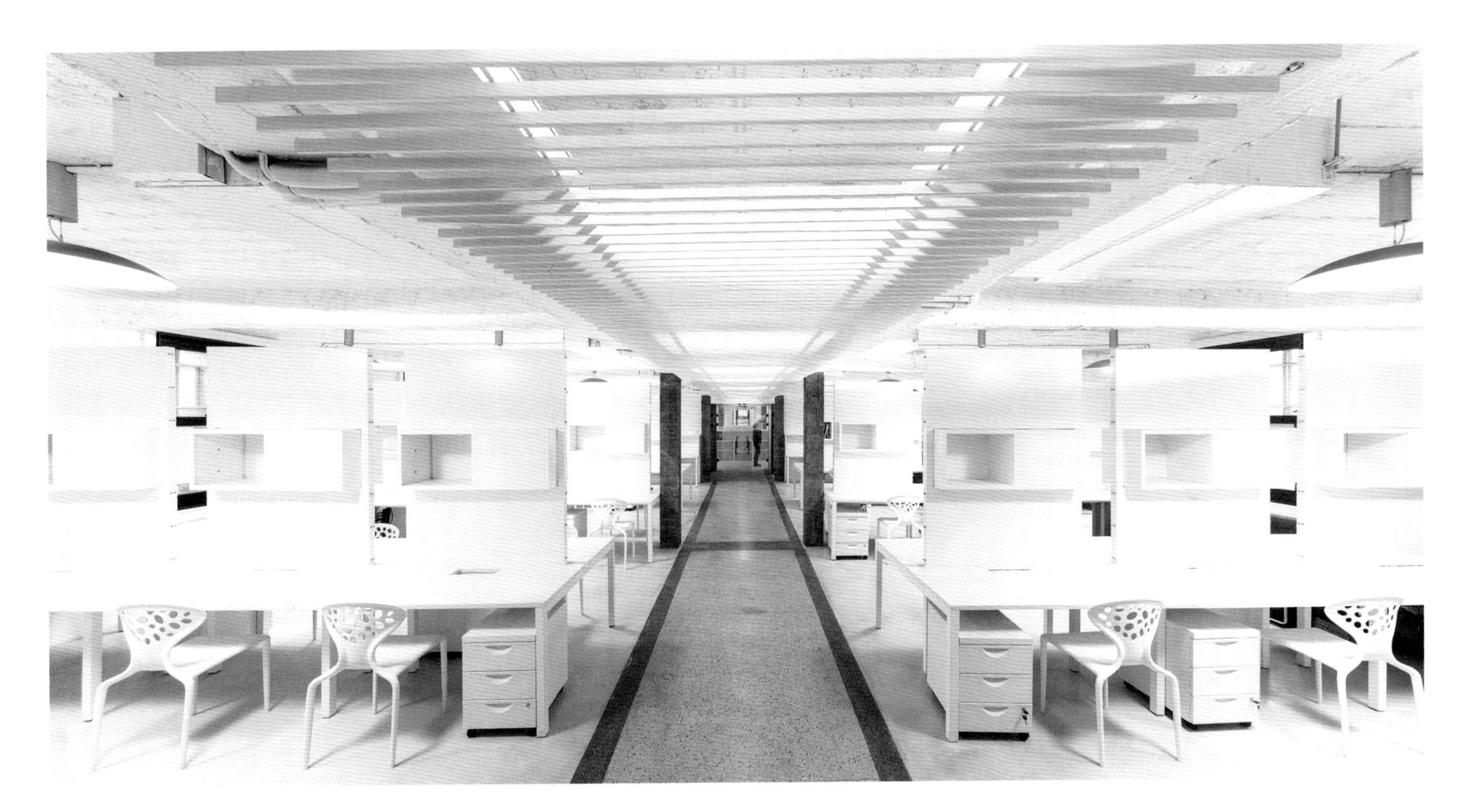

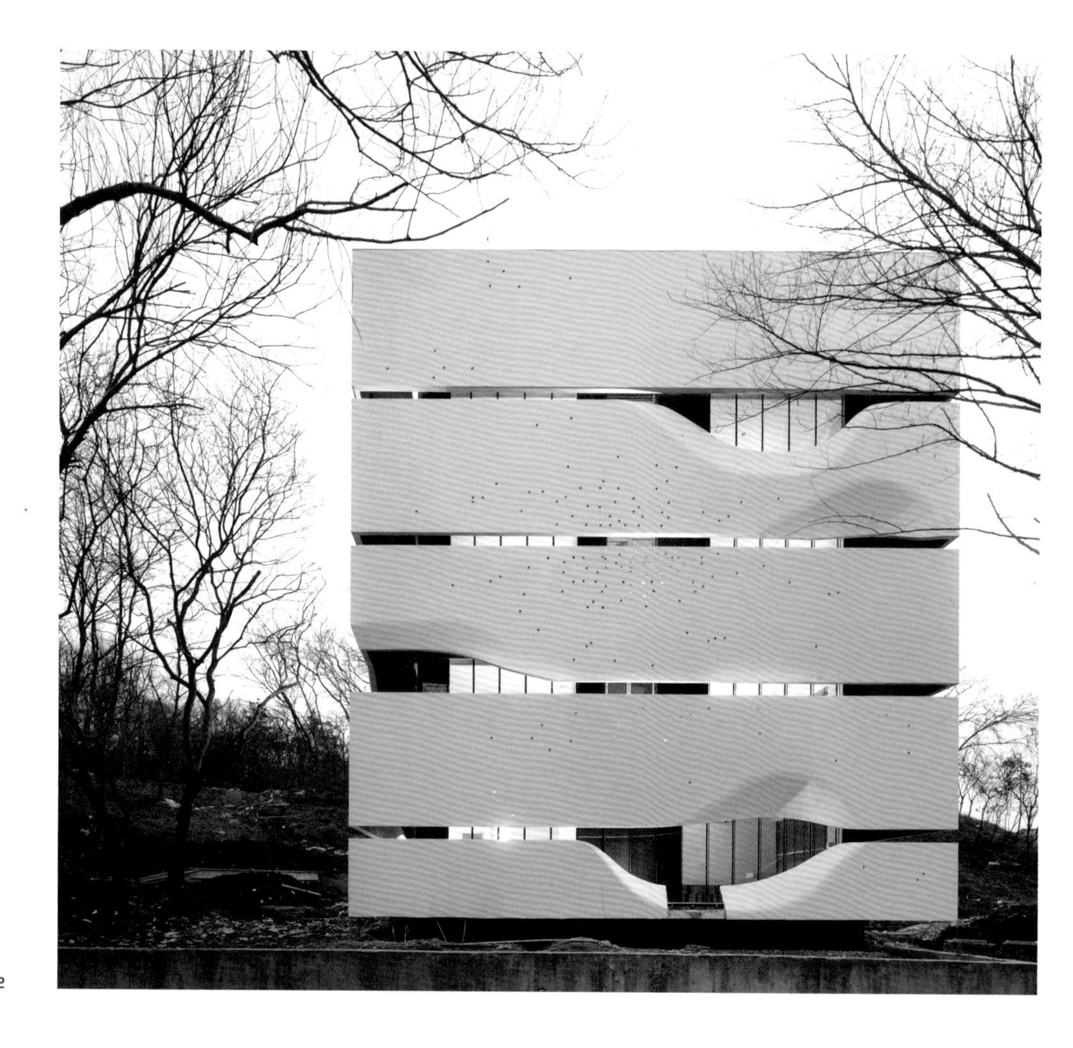

1	3 4
2	5

1-5 中国国际建筑艺术实践展四号住宅（2011 年，南京，© 姚力）
住宅坐落在南京浦口老山森林公园附近的佛手湖畔，四层纯白的建筑以贯穿横向裂缝的分离呈现垂直叠加的痕迹，裂缝在每层特定的位置扩大形成景框

沈雷：构建一颗赤诚而坚定的心

LEI SHEN : A STRONG HEART, WITHOUT FEAR

采　访 | 白申冰
资料提供 | 内建筑设计事务所

ID =《室内设计师》
沈 = 沈雷

内建筑初创时的一系列作品，就给中国室内设计界带来了震动，之后不断涌现的作品依然才情横溢、创新锐意。如今，在光影转换中再度出场的内建筑，在各种设计门类与艺术创作中自由转换、从容跨界，没有什么意念中的界限可以拦得住主创们的恣意挥洒。
专访内建筑设计事务所设计总监沈雷，展现他眼中的设计十年。

沈雷，浙江杭州人，1992 年毕业于中国美术学院环境艺术系。1992~1997 年任浙江建筑设计研究院建筑师，2001 年英国爱丁堡艺术学院设计硕士毕业，2002~2004 年担任《ID+C》杂志执行主编。内建筑设计有限公司合伙人、设计总监，CIID2012 年度中国室内设计影响力十大人物 。
主要作品：
阿里巴巴集团总部室内设计；中国馆贵宾接待区室内设计；外婆家餐厅系列设计。

ID 内建筑设计事务所是创建于21世纪初期，能讲述一下成立之初工作的情景吗？

沈 内建筑设计事务所成立于2004年，但“内建筑”三字却早在2001年起便已在脑中盘桓。那时我在英国留学，是做梦时想起来的，因为我觉得回来要开一个公司，叫什么呢？我觉得叫“内建筑”很好，因为我觉得“内”字挺好看的，有人跟空间的关系，有各种各样的关系以及与自己做梦的关系在。内建筑初创，我们加员工一共八人，立了面墙，把他们照片粘在墙上，十年间有聚有散，日子踏实地每天度过，内建筑也在大家的努力下成型成长。

ID 创建之后，正值室内设计飞速发展的时期，您能谈谈这段时间公司的发展历程吗？

沈 内建筑办公室成立之初就做了一个鱼池，是用钢板和混凝土做的，鱼刚放进去的时候，不适应的鱼会部分死亡，但几年下来它已经形成了它的生态，鱼都生活得很好。内建筑设计事务所也是如此，这期间在努力适应飞速发展的环境与氛围，我们做了一些好设计也做了些不好的设计，但我觉得我们找到了自己的生存空间，形成了自己的风格，我们可以做一些建筑人觉得像室内、室内的人又觉得像建筑的事。

ID 发展到今天，对工作室的发展定位，是否如初？今后有些什么发展规划？

沈 记得阿里巴巴首役，孙云如斗士般地切削空间，以那时的工艺，低技和材料的错用是王道，此类方式一直沿用到珠海中邦酒店改造、光线传媒办公空间设计。久了再high的药也有抗性，而内建筑的主创们也由靠近走向差异，孙云在我处学会了简单、我在孙云处学会了意境。

内建筑走过十年，该要去思考一下，如何应对自身风格的疲倦。我们可以是变色龙，我们可以去换不同的表皮，但要清楚什么是发自内心的。或许该放个大假，让自己的热情又回来，因为需应对的不是市场、不是方法，是自己。建构一颗赤诚而坚定的心，如我留英归来对设计的渴望。

ID 您个人的创作近十年又有些什么变化和提升？

沈 和孙云合作超过十年，我们虽然分开做方案，却也互相影响，渐渐趋同。一开始相对来讲，我做设计建筑感一点，他做的相对考虑细节多一点。然后我们就互相靠拢，当我细节考虑更多的时候，他建筑感更多的时候，我们找到了共同点。

ID 您觉得您的设计历程有什么变化？

沈 我2001年回国的时候，头脑很清晰，我知道我想要什么，我想要什么样的设计。回来以后，会面对很多的诱惑，很多的状况，比如甲方对你的要求，但是我现在脑中还是很清晰的。我只不过会了很多伪装的方式，比如要复杂的设计，就把简单的事情重叠十遍，这就会让人觉得很复杂了。但其实道理对我来说都是一样的。

ID 能谈谈您的设计理念吗？

沈 “把自己的眼光藏入别人的眼光中”，以此时此刻他们的心去想他们，会觉得可以理解，可以照他们的喜好去做。去抓那些很关键的点，抓住它以后，让它动起来。

ID 对于年轻人的培养和传承，您是怎么做的？

沈 我们一直在找一些可能的机会让新生代年轻人进行更多创作实践，我们会根据每个人的类型分配不同的项目，给他们更多创造体验的机会、更多实践创造的机会、以及更多把图纸变成实物的机会。但年轻人毕竟社会经验还不是很丰富，体验较少，容易导致很多设计相对流于表面；而我们相对见多识广些，更容易清楚甲方要什么，所以我们会告诉这些年轻人，甲方要什么、我要什么，我需要什么样的概念和品味、什么样的空间，然后让他们去实施。

ID 您觉得未来的室内及建筑设计可能的突破点是在哪里？

沈 室内设计其实有很大的优势，因为所处的位置，边界不是那么明显。对于建造层面和结构层面，以及气候的回应上，也不像做建筑要求的那么高。而且室内又跟人的使用、跟人的关系更密切，而不是像建筑跟工业化密切。中国的室内设计行业状况有独特的历史成因和环境背景，大部分建筑师不做本该他处理的那部分室内设计，所以现在的中国是室内设计师最好的舞台，要做的事情就是缝合建筑与室内之间的部分，并且让室内设计成为一个引领时尚的产业，保持新鲜的体制和新鲜的大脑。

ID 以您对于网络商业前景的关注，请对《室内设计师》提出一些意见与建议？

沈 利用网络进行一些设计师间互动活动。END

1	3
2	4

1-4 隐居繁华（2014年，上海）

大隐于都会中的酒店，恍若隔世的空间。光线透过插满矢车菊和洋蓟的花瓶，照亮拼花地板压花玻璃和微凉的木桌，时间停滞，回忆静默

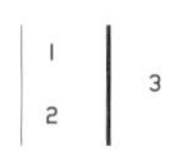

1-3 动手吧餐厅（2014 年，浙江杭州）

完美不只是控制，还包括释放，每个人都拥有破茧成蝶的能力。突破牵绊，以一颗不变的谦卑内核，锋芒毕露、留下印记，释放吧！回归吧！动手吧！

1 | 4
2 3 |

1-4 青石牛铁板烧（2014 年，安徽合肥）

简约厨房，黑黄调和，厨师和食客犹如演员与观众，用黑钢编制的网隔断，巧妙的分割空间，以星图重组，串联出隐隐律动的空间节奏

1	3 4
2	5 6

1-6 魔朵酒吧（2014 年，浙江杭州）

设计渐渐恢复意识，半梦半醒之间感到寒冷。枯萎植物爬满玻璃上的铝点，服下不锈钢的胶囊，高地风笛吹响异度空间银紫色的主调

ID 请评价一下中国建筑行业这十年的变化？

吴 总体来讲，施工水平发展得非常快，可供选择的建筑材料也比以前多很多，国内供应设备材料的企业发展都很快，很多昂贵的进口材料现在都可以在当地生产，这对建筑师来说是很好的消息，可以使用原来在德国惯用的材料，虽然质量没那么好，但也有可以用的了。走在路上，建筑越来越漂亮，装修也越来越漂亮。整体的建筑水平档次在往上走。

ID 作为境外事务所，可以谈一下您的感受吗？

吴 如果置身其外地来看，设计在中国的这十年真是百花齐放、欣欣向荣。境外设计所的涌入其实也实现了一种“双赢”：国外事务所拿到了中国的项目，建筑师有活了；而中国建筑界也学到了很多先进的工作方式和方法。可以接触包括大师级建筑师在中国设计的作品，去听他们的讲座报告等，甚至可以到他们在国内的事务所去参观、工作，这些对中国建筑师来说，是一种恶补式的交流。这十年中还有一个变化是，大家视野都更开阔了，业主和政府决策者的水平能力也不断在提高。作为境外事务所来看，目前的市场更成熟、更规范，也更理性，大家对建筑的看法也更可持续化了。

ID 您如何评价gmp在中国发展的这十年？

吴 我觉得这十年是gmp发展史上最重要的十年。因为gmp进入中国市场已经很长时间了，这15年里共有90多个项目，都是些比较重要的项目。我们赶上了好的时代——中国对外国事务所开放，经济发展也是最快的时期，所以gmp在更短的时间内可以接触到各种各样的项目，这也是种历练。我们在中国获得的经验也会反馈到德国以及其他国家的项目上。在过去的十年中，gmp已经从一个目光集中在德国和欧洲的区域事务所走向了世界。

ID 您刚才提到会将中国的经验反馈到其他国家，可以详细解释下吗？

吴 我们从中国市场得到的最大经验就是，需要考虑到不同国家、不同文化的不同需求，这点对gmp的冲击是非常大的，因为不同的环境对设计师创造力的发挥是完全不一样的，所以更要静下心来与对方沟通。这实际上是一种工作方法，这种方法的要点有两方面：一是，你真的要对话吗？还有一个是，跟谁对话？这种“对话”并不是指业主要求什么你就做什么，而是要倾听这些表面要求背后的真正诉求。比如在做国博的设计时，表面上是中国文化、新旧和谐等要求，有些外国建筑师就会在这些并不清晰的关键词中迷失。它们究竟透露出的是什么信息？我们的方案需要根据这些背后的信息作出抉择。在欧洲，面对新旧问题时，欧洲人肯定使用简洁的语言，令新旧对比的矛盾激化，他们讲究的是非黑即白；而中国讲“灰”，讲中庸，讲和谐。gmp在国博的设计中就做了一个思想转换，争取让新馆、老馆彼此和谐。但是，这并不意味着gmp会放弃自己的建筑语言，做后现代或者装饰类的设计。目前呈现的新馆部分是使用比较简洁而现代主义的手法，没有多余的建筑装饰，而在颜色、檐口等细节部分与老馆做出一些呼应，这些细节也并不仅仅是装饰作用，也有一些结构的作用。如果在欧洲或者美国做这样的博物馆的话，就会使用截然不同的手法。这种沟通的方法在其他国家，比如南非、巴西等也很有成效，我们会非常注意倾听业主的需求，而在做项目时也会非常注意收集信息，提高对表面信息的分析，以及如何应对在全球化过程中会出现的问题。

ID gmp是如何与其他明星事务所竞争的呢？

吴 从包豪斯开始，德国大多数事务所的建筑观是：“要评价一个建筑设计，是要等它建出来之后”。也就是说，我们评判的依据不仅是图纸，或竞赛方案，更多考虑的是中标后如何做完，如何从设计和管理上尽可能实现方案。我们公司内部从与业主的接洽开始，都会要求把项目做完。而许多明星事务所的项目是过多倚靠国内设计院配合完成的，出于各种原因，最终呈现的结果往往与设计初衷不符。这与gmp的整体价值观还是有关的，我们竞争的不仅是方案，还有服务，我们就依靠这种对自己的坚持和其他事务所竞争。

ID gmp内部有没有一些管理方法帮助你们去实现完成度？

吴 不仅是gmp，整个德语区的建筑师对建造都是非常强调的，他们脑子里整天想的是要建造出来。德国事务所对结构、设备、现场服务都投入很大精力，gmp就有个专门的部门负责后期现场，后期的质量控制、进度等各项工作都是由他们来负责。在这个基础上，gmp还会派建筑师去现场，一直跟着项目走，及时解决问题，并提高大家对建造重视的自觉性。

ID 能概括一下gmp在中国项目的特点吗？

吴 首先我们还是做自己擅长的吧，有一定的甄选，譬如纯住宅类的我们不做，不是我们长项；其次，我们乐意参加投标，这样可以保证我们旺盛的竞争力；第三，gmp的项目从最初的重心在政府和国企项目，到目前已实现业主分布的多样化，如绿地、SOHO和万科等开发商，这与国内经济走势和gmp的战略是相关的。

ID 对年轻的建筑师有没有特别的培养方式？

吴 我们没有特别的培训，入职后就直接上岗，但新员工会有老员工带，我们开玩笑说是“作坊式”的，师傅带徒弟。我们公司内部并没有复杂的章程，只有一些非常精炼的原则，更多的是在一起做经验上的传授。我们非常希望年轻建筑师将整个项目的各个阶段都经历一遍，通过三到五年的过程，从校园建筑师成长为有经验的建筑师。

ID gmp未来的规划是什么？

吴 没有什么规划，gmp最大的特点就是没规划，走一步看一步。当然我们会对一些问题进行预测，比如十八届三中全会讲了要将建筑设计市场全部开放给外企，最近讲反对奇奇怪怪的建筑。虽然我们反对去做奇奇怪怪的建筑，但担心在具体落实时会不会对境外事务所造成一些误伤。对我们自身来讲，发展到这个规模已经很满意了，没有要保增长促生产再扩张的需求，反而，我们要减小些规模，保证稳定。在德国，我们这种500多人的事务所已经是很庞大了，而且同行已经不是以正常眼光来看待我们，他们认为，正常的建筑师事务所不是这么多人。我们今后思考的是如何在目前的规模下寻找更多的好项目来做。END

1
2 3 | 4

1-4 重庆大剧院（2009年，重庆，©Christian Gahl）
这座玻璃雕塑建筑位于一个石质基座上面，建筑平面和立面看上去有些随意轻松的海洋氛围。大剧院不是那种由常规的墙面和窗面构成其外立面的典型建筑。从室内透射出来的灯光，太阳、云彩和水在多面玻璃上的折射，使大剧院在新颖而神秘的光的动感中不断变换身姿

1-3　中国国家博物馆（2012年，北京，©Christian Gahl）
国家博物馆位于天安门广场，新设计的建筑在尺度与形式上都与周边环境呼应。在建筑内部，拓宽了的中心区域直面建筑最突出的中心广场，诠释出了自然大气的空间氛围

| 1 / 2 | 3 |

1-3 天津大剧院（2012 年，天津，©Christian Gahl）
大剧院屋盖的半圆形体量朝向宽阔的水面打开，宛如张开的贝壳。剧院大厅、音乐厅和多功能厅，临水而立。三座相互独立的演出大厅坐落于一个石质基座上

C区双号
2
1

1
2 | 3 4

1-4　青岛大剧院（2010年，青岛，©Christian Gahl）
大剧院坐落于青岛东部，建筑形体受到崂山自然风光的启发，山峦的刚劲和云雾的飘逸刻画了建筑的整体形象。入口前厅处的墙面、地板均采用当地出产的天然石材铺装，凸现了建筑的地域性特色

陈耀光：设计师一定要对生活保持好奇

YAOGUANG CHEN: CURIOSITY FORMS DESIGNERS

采　访 | 刘匪思
资料提供 | 杭州典尚建筑装饰设计有限公司

ID =《室内设计师》
陈 = 陈耀光

在一次设计师自发聚会活动间歇，陈耀光接受了《室内设计师》为此次专辑报道的采访。采访前一刻，他正在会场中有感而发，最近被诸多同仁好友出手营造的趣味小空间触动。"如何为 90 后消费群体设计花 50 块钱就能消费的场所"，在回答提问时他也再三强调如何将中国设计师推到一个更多元、更国际化的公共平台。每一次采访陈耀光，都能从他的回答中发现一个"升级版"的陈耀光。或许，这也是他从业近 30 年依然保持旺盛生命力的秘诀。

陈耀光，1987 年毕业于中国美术学院，为环艺系首届毕业生，1995 年创立杭州典尚建筑装饰设计有限公司，担任中国建筑学会室内设计分会副会长。
30 年前，在浙江省建筑院体制内，忙于炮制装饰语言，曾经热衷餐饮、娱乐空间。写诗、作画不辍。个人充满敏感诗性、面对采访有怯场。
30 年内，坚持专注文化、艺术、音乐、美术、展示空间；
20 年前，创立典尚设计
15 年内，忙于浙江商业地产空间项目。做起了岛主，远离都市，在田园中过着放养式生活；
10 年内，开始跨界制作艺术装置作品；10 年前将典尚从繁华市中心高层商务楼搬到老城区南宋遗址的院子里；
7 年内，延续了 30 年的直觉式收藏持续加温，坚持绘画雅玩，将自己的设计创作与生活实践在国内设计圈传播并积极引导新生代；
今天，联合众力推出中国首个设计师公益基金会，为给中国年轻设计师提供更多的机会拓展更大的发展平台。

ID 室内设计在中国经历了从装潢到设计的发展过程，而您的就学与从业经历与行业发展同步，怎么看待您所经历的这个变化？

陈 在这个行业里，主流的“榜样效应”一直在发生变化，不是一味地“敬外”，也不是一味的“实验”。我们设计的源头一直就在我们身边，一直在发生变化。我觉得室内设计发展到今天，需要真正地把利益还给市场、还给老百姓。这样的设计师，设计项目一定会是具有生命力的。今天得到人们认同的设计，是不需要强调风格或者标榜前卫的，国际年度大奖与中国目前的城市发展没有必然关系。因为当下社会需要梳理一个设计领域的基本价值观，我们为谁服务？在这个问题没有彻底明确之前，过早地吸入太多，反而不利于健康。

ID 那么这个基本的价值观如何梳理，对于具备多年经验的设计师与刚入行的年轻设计师来说，他们分别需要做哪些工作？

陈 你知道我是 1987 年浙美第一届室内专科毕业的，我们当时的学习缺乏体系，同学们原来都是学绘画想做艺术家的，所以始终徘徊在绘画与大师情结之间，对尺度概念很迟钝。在行业刚开始初期，一切积累都是从无到有……我觉得现在的设计需求点与我们早年相比已发生了变化，市场与消费者，尤其是年轻消费者的要求，他们希望要更视觉化一点、更感性一点。因为当今的商业设计，不是靠说教就能感动消费者的，目前的年轻人很现实，很即兴，他们用刷屏的手指点触瞬间获取消费空间指南，通过空间趣味体验来快乐心情，这是互联网背景下诞生的接地气生活……不像我们当年的设计模式，都带有励志的使命感或崇高的象征性。这个行业发展至今，我可以说既是一个实践者也是一个见证者，人可以变老，思想不能变老。我们必须对生活和周边保持好奇心和敏感度，这种感觉必须来自你内心的自发。

ID 所以这也是您对工作室年轻人的培养方式？

陈 我与他们的交流从来不会“倚老卖老”，带着好奇与发现，你会觉得年轻人做的东西都很有意思,学会分享是一个行业的成熟期，我个人认为是思想的成熟期，去感受年轻人身上闪光的东西，最后还要努力让他们不抛弃自己，这个很要紧。社会对任何人都是公平的，所以很有必要向年轻人学习，相互吸纳多多产生互动。我经常到公司里讲一些符合我年龄、履历的故事，让年轻设计师可以提前去想象，展望他们到我这个年龄可能会经历的事情，这样的交流对我们大家都是一种营养。

ID 在论坛现场听您肯定“要设计花 50 块钱也可以享受的空间”，您做过很多大型项目，刚才的说法是否也来自您对设计行业的最新思考？

陈 是的，我曾做过许多大型的各类空间设计项目，但是，我现在很愿意看那些小型的项目,我觉得许多小空间更能直接地打动人。现在一些有想法的设计师已经把消费群体做了各类理性分析，如对 60、70、80、90 年代的人，他们的成长背景和消费价值的不同取向都会影响到设计、业主和市场的定位。比如餐厅，设计师需要考虑的，从进门的一瞬对色彩、尺度的第一反应，直到就餐桌椅的密度和可供彼此交流的有效距离，及与周边分享氛围的互动性。以主题餐厅的趣味性取代以往传统物贵价高的装饰空间，营造亲密、凸显关怀的愉悦性消费，是今后比较受人青睐的表达方式。行业的分工越来越细，是因为社会使用的成熟度越来越高，今天的设计师不可能再彰显当年全盘接纳、无所不为的全能冠军式辉煌。

ID 最近在忙什么项目？项目以外又有什么兴趣点呢？

陈 尽管在不甚乐观的经济大环境下，我们的项目也还算可以，新建的二三十万平方的浙江音乐学院和省广电新办公楼，都是目前政府的壹号项目，2015 年都将竣工，还有远在银川的韩美林艺术馆，在贺兰山下已开工了一年多,预计 2015 年 5 月要开幕……与千岛湖的两个合伙人考虑重新改善现有岛上的民房，这样来年可以更好地接待远道而来的各方朋友。私人闲置了十五年的高尔夫别墅，是我梦中的艺术友情场所，计划也在今年启动。在项目以外，后院之外，我的各界活动被邀的也实在不少，是到了该调整的时候了，要给自己多留一点私人空间，同时也为更多年轻人的成长多预留些发展空间。保护自己的兴趣时间，我认为 VCR 是个好东西，既能到会捧场，彼此又不失敬意，关键是让自己得到缓冲，多做一点自己的心事。旅行、绘画和诗酒可以逐渐成为我未来生活的主体。

ID 近两年经常涉足跨界活动，您对装置的理解是什么？创作的兴趣或者源头来自哪里？

陈 可能是我长期受周边当代艺术环境朋友圈的影响，装置艺术形式是人对周边综合体验的完整经验，它可以通过特殊的组合，可以是一组创意家具、也可以是一种精神的表述，它能够阐述一个人的思想观点和意义，这样的表达形式是其他艺术手段难以取代的，因为它更完整、更跨越、更有冲击地释放自我思想的本质看法。

ID 刚才提到了要更多的培养年轻人，那么您个人认为从何着手？为的是什么？

陈 我们今年准备成立一个设计界的公益基金。我从业二十多年来，幸运无数，终于得到了一个可以偿还心愿的机会,深感荣幸。我认为到了一定阶段要让自己慢下来，放手让年轻人快起来，努力创造更多的机会提供他们更多的平台。以前是为个人、为商业、为企业品牌，现在可以为行业、为年轻人、为传承和未来，为中国的行业力量实现自己一份微薄的参与。END

1 2	4
3	5

1-2 典尚设计公司 1 期（2003 年，浙江杭州）

3 典尚设计公司后院 2 期（2008 年，浙江杭州）

4-5 典尚设计公司 3 期私人收藏馆（2010 年，浙江杭州）

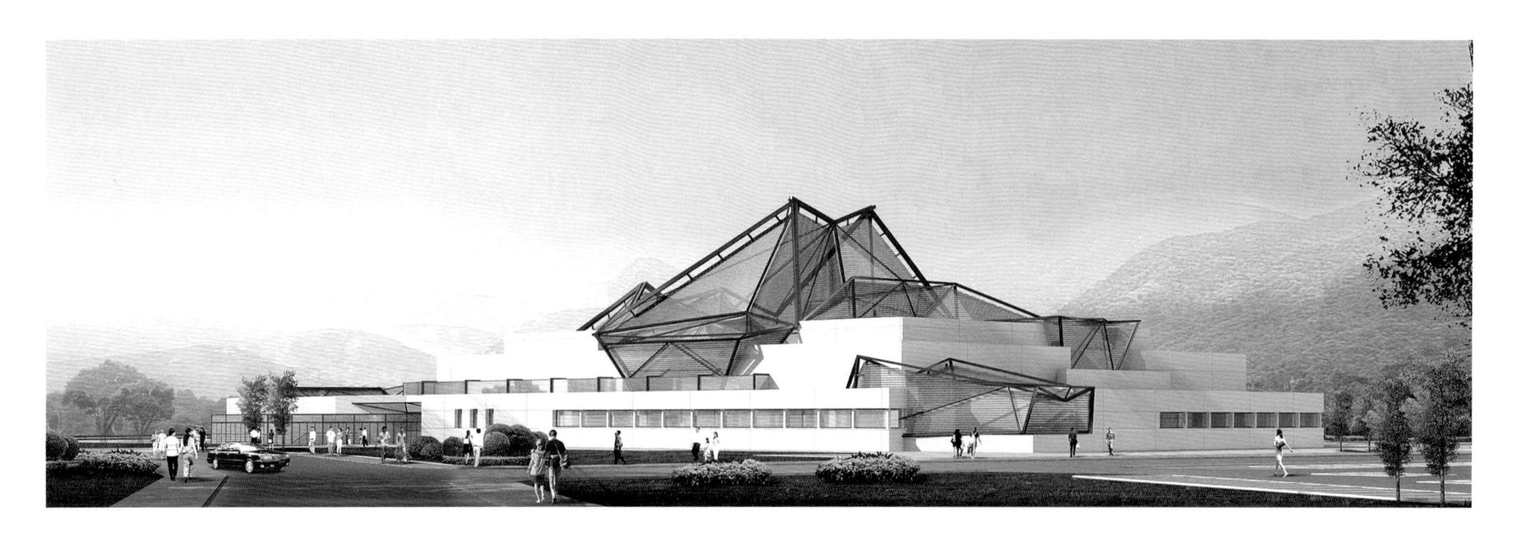

1 浙江美术馆（2010 年，浙江杭州）

2-3 李叔同（弘一大师）纪念馆（2004 年，浙江平湖）

4 阿里巴巴总部 CEO（马云）办公室（2010 年，浙江杭州）

5 装置作品《叠变》（2013 年）

6 装置作品《剥落的生命——东方屏》（2014 年）

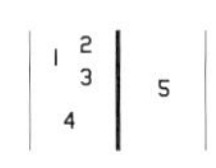

1-5　韩美林艺术馆

（2004 年，杭州馆；2008 年，北京馆一期；2013 年，北京馆二期）

1	2 3 4

1　绿城建筑设计研究院杭州办公楼（2011 年，浙江杭州）

2　杭州赛丽美术馆门厅（2014 年，浙江杭州）

3　西溪筑境大师工作室（2013 年，浙江杭州）

4　重庆绿城 GAD 两江建筑设计总部（2014 年，重庆）

姜峰：要让好作品持久

FRANK JIANG: GOOD BUT DUARABLE

采　访 | 刘匪思
资料提供 | J&A姜峰设计有限公司

在《室内设计师》4 年前采访姜峰时，
采访的编辑诧异于这位设计师对生活严苛的规律化要求。
今年再次采访时，得知 J&A 公司已成为拥有 400 人规模的大型设计公司，
对于设计师的生活方式直接影响工作效率的说法更有深刻体会。

ID =《室内设计师》
姜 = 姜峰

姜峰，毕业于哈尔滨建筑工程学院建筑学系。
J&A 姜峰设计有限公司创始人、董事长、总设计师；建筑学硕士，中欧国际工商学院 EMBA，教授级高级建筑师，国务院特殊津贴专家。
中国室内设计十大风云人物、亚太十大领衔酒店设计人物、深圳百名行业领军人物、中国建筑学会室内设计分会（CIID）副会长、中国建筑装饰协会设计委副主任。
专注于城市综合体设计，服务领域涉及建筑设计、室内设计和机电设计。

ID 您怎么看室内设计领域近十年的发展?

姜 我从业二十多年，感觉室内设计的行业地位是一步一步在提升。1990 年代初，我们在装饰公司的时候，基本上设计费都很少，当时设计师还不能养活自己。现在不但能养活自己，还能养很多人。我们设计公司从原来不到 20 人到成为现在 400 多人的企业，利润率也非常高，这从一个侧面证明室内设计是有市场价值的。

ID 在这次回顾的专题采访中，不少设计师也展露出室内设计这个职业包含着更多的流程管理的能力。您的公司目前有 400 多人，从设计师到管理者，您是如何平衡两者的?

姜 有关公司规模，我觉得可以分两个方面来说。一方面是我们所说小而美的公司，这是一个发展方向，一些比较有个人魅力的设计师，偏重个性的东西，它的客户不一定很多，业务量也不一定很大，设计师陶醉在自己的兴趣和事业中。另外一种，是比较规模化、商业化运作的公司，它强调的是团队的整体运作、系统化的管理以及公司出产的品牌和产品的质量，这样的公司要从规模、管理、品牌系统这些方面重点地去抓。需要团队的共同努力做出好作品，还要让这些好的作品能够持久。我们公司可能就属于后面这类。

小而美也是很美的，我想谈的是总体的发展方向问题。我们作为一个大型的商业型公司，更多地把自己定位为服务行业中的一员。我们首先是为客户实现其商业价值，再实现自身的设计价值。所以说客户的利益永远摆在第一位，自身的利益是第二位。这是我们的价值观，而不是说把实现自己的理想摆在第一位，好的设计师要平衡好二者的关系，要做好设计，当然，我们的理想一直还在。

ID 您的公司已经成立了 15 年，对于引导市场的发展，作为管理者会如何思考?

姜 我们引导的出发点还是本着一个设计的本源，那就是真正地去做到一个好的设计、好的建筑。不能把一些浮躁的，或者不符合时代特色的建筑传递给客户。我们这个时代，需要更多的是生态、绿色、节能、环保，能够给大众带来愉悦，功能合理，同时又带有创新竞争、审美价值的作品。只有自身能够树立这样的审美观，才能去引导客户。如果你的审美只能去创造一些奢华的、拜金的作品，那我觉得给客户的可能恰恰是一个反面的作用。不符合我们时代发展的规律，也不符合我们时代的价值观。

ID 公司每年都会招收新人，您感觉目前学校的教育能与快速发展的公司设计要求匹配吗? 您对员工的要求是什么?

姜 我觉得这两年学生学习的知识是越来越多，接受新东西也越来越快，唯一欠缺的可能是踏实的工作态度和持之以恒的工作方式，所以他们只要这个方面解决得好，就有条件成为优秀的设计师。他们现在所处的环境跟我们当年比已经相当好了，我们当时很难接到一个像样的项目。新入职的员工进入公司之后就会接触到大型的城市综合体项目，这个对他们来说是一个很大的机会。理论教育与实际工作，肯定是对接不上的，对新人的要求，我们只希望他们在学校得到一个基本的设计培训，同时具有一个好的工作方法，掌握一定的设计技能，并且具有一定的团队精神。入职后的新员工，我们会对他们进行一个系统化的培训，对他们也是一个再提升过程。

ID 您自己是通过什么方式让自己的设计知识不断更新呢? 在此过程中，设计媒体会给您哪些灵感?

姜 我们公司本身有一套自己的知识库体系，不光是图纸，还包括项目案例、经验分享、客户管理，公司所有员工可以凭用户名和密码远程登陆知识库系统。我相信在中国的室内设计公司管理体系里面还没有第二例。我的创新考虑的是如何创造高性价比的产品，能够在有限的投资下做出好的作品这也是创新。不像原来，没有造价的控制可以随便花钱，这对于我们设计师来说是另外一种挑战。

互联网时代的高速发展，我觉得是对设计媒体的很大冲击，这是我们无法回避的，我认为当下设计媒体应该做一些网络媒体做不到的、差异化的服务。比如网络媒体更多的是一种浏览，平面媒体更多的是一种收藏，每一本杂志都做成一本经典，供大家去收藏。END

1 | 4
2 3

1-4 大连国际会议中心（2012年，辽宁大连）
作为大连新地标，该项目的建筑设计由奥地利蓝天组担任，充分诠释了当下建筑的解构主义思潮。室内设计部分从思考满足室内与建筑、室内与周边达到高度协调的平衡状态出发，整体协作，把握全局，呼应建筑主体的"解构主义"风格特征

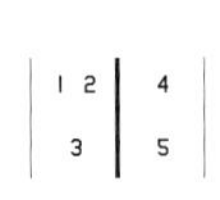

1-5　潍坊铂尔曼酒店（2014 年，山东潍坊）

该酒店以风筝为设计主线，并以当地建筑画和市花等为副线作为点睛。设计中萃取风筝的主要特点，抽象解构成点、线、面的形式，融合现代的设计表现手法和材质，风筝、建筑画、市花等与空间有着完美的结合

1	3
2	4

1-2　上海浦东文华东方酒店（2013 年，上海）
设计师经过前期分析和定位，将灵感来源做了仔细的筛选和提炼：黄浦江粼粼的波光、上海前卫的城市建筑、古旧里弄的玻璃窗格和梧桐树下的墨韵书香等等，以此转化成具体的设计元素贯穿于整个酒店的设计中

3　余姚华润五彩城（2014 年，浙江余姚）
建筑主体上重点体现山川的博大坚实，装饰上则着意渲染流水的纯粹和灵动，将山川肌理的层次感运用到室内设计中，整个空间大气、灵动

4　深圳宝能 All City 购物中心（2012 年，广东深圳）
J&A 融合了都市的时尚元素和海洋文化，流畅动感的线条寓意着人潮如海水般涌入，暖色调木纹的融入，加强了空间氛围的营造

COCO
Park

1 | 2 / 3

1　深圳星河时代 COCO Park（2013 年，广东深圳）
J&A 以"自然、休闲"为特点，用"卵石、流水"为造型元素，地材设计中以自然、流动的深、浅地材贯穿整个商场，在客流密集的重点区域嵌入"卵石"拼花，增加人流的引导性，同时顶棚设计形式与地面相呼应，使商场设计整体而又特色鲜明

2-3　济宁万达嘉华酒店（2014 年，山东济宁）
J&A 提取了特色的济宁文化，以孔子六艺为主线，融合运河文化等设计元素，展示出济宁丰厚的历史文化底蕴，让客人休憩之余体验别样的文化之旅，营造出现代简洁的儒家韵味

Kokaistudios:世界设计的中心，在亚洲，更在中国

KOKAISTUDIOS: INTERNATIONAL DESIGN CENTER HAS BEEN IN ASIA, ESPECIALLY IN CHINA

采　访 | 刘丽君
资料提供 | Kokaistudios

2009年8月，Kokaistudios设计的项目淮海路796江诗丹顿之家落成后不久，
由《室内设计师》主办的设计论坛“非常规设计”邀请了Kokaistudios的两位主设计师高芾（Filippo Gabbiani）与Andrea Destefanis，与诸位当时的中国新锐设计师们，探讨与交流当时的设计风潮。
这两位设计师深谙中国当下文化与国际设计潮流的融会贯通。
在诸如华邑Hualuxe酒店、K11购物艺术中心等项目的设计中，将他们对于置身多元文化背景下的设计理念充分展现。
正如在采访中高芾先生透露的观点，鉴于中国及亚洲在过去十年间的迅速发展，未来的设计中心俨然在中国，在亚洲。

ID =《室内设计师》
高 = 高芾（Filippo Gabbiani）

高芾（Filippo Gabbiani）
出生于意大利威尼斯，自幼展现出对艺术和设计的多重兴趣。高芾完成了威尼斯建筑大学的学业后，遇到合伙人Andrea Destefanis，共同创立Kokaistudios。高芾以出于本能的对不同学科和多元文化的好奇心，先后闯荡于欧洲数国和美国，曾与数家世界知名的建筑、室内设计和工业设计等领域的事务所合作。

Kokaistudios
由意大利建筑师高芾（Filippo Gabbiani）和Andrea Destefanis于2000年联合创立于威尼斯，10多年前公司总部搬迁至上海，是一家多元化综合性的一流设计事务所。公司历经十多年的发展，完成了超过140项建筑以及历史遗产建筑修复及室内设计项目，其中包括多项荣获国际奖项的作品。

ID Kokaistudios进入中国已经十多年，在这个过程中，您经历了中国室内设计的变化，对此您有什么感受?

高 在国际上，一般提到室内设计（Interior Design）是指酒店设计。差不多15年前，我开始接触中国的设计领域，感觉无论是酒店还是餐厅设计得都很糟糕，设计方式照搬国外的理念，无法适应本地市场和消费者的习惯。那时候，对很多中国设计师来说，“进口”设计理念等同于抄袭，室内设计的发展很不成熟。在十年间，室内设计却以不可思议的发展速度，迅速地发生变化。中国与中国消费市场，学习设计的速度非常快，也非常有效率。我们可以说是目睹了这近15年来的一场设计革命。比如我们做的一个酒店品牌项目，华邑（Hualuxe）酒店，就是洲际酒店专为中国市场度身定制的酒店品牌。我们的感受就是，中国的消费者越来越要求国外设计事务所拿出适应本地文化、又符合国际现代化标准的设计项目。

ID 在这样的发展语境下，Kokaistudios是否会对此作出相应的变化与调整?

高 1992年我就来到中国，当时我花了三个半月时间乘着火车和汽车周游了中国大部分的城市。在我开始创业的时候，人们觉得中国制造并没有特别高的质量和价值。在这10多年里，世界的设计中心开始发生变化。Kokaistudios来到中国，落户上海，我们就是一家“上海”公司。自从我们开始做设计起，就没有遇到过“水土不服”的现象。因为我们是按照本地市场的设计体系来做事情，根据市场的变化而做调整。

如果说变化和调整，这十多年，中国的建筑设计法规一直在做调整，对此，设计师就应该具备很强的适应能力去接受这些规则，并相应地做出最“合适”的设计方案。我曾经在欧洲、美国以及亚洲其他地方做过设计项目，他们也有各种规则。对一家设计事务所来说，灵活应变才是全世界通用的法则。

ID 事务所的成员来自世界各地，设计师所处年龄层以及教育和文化背景不尽相同，您是如何与他们沟通与协调工作的?

高 我们设计事务所成员，80%是中国设计师，20%来自世界各地。客户的来源中国际与本土比例是1:1。我们希望让办公室充斥着多元文化与多样的观念，特别是在做项目的时候，我们会在办公室里争论，探讨因为来自不同文化背景和视野下的不同观点，这对做好一个项目非常有帮助。特别是我们承接的项目愈发变得国际化，多元化的设计师成员能帮助我们更有效率地思考。

ID 在设计项目时，Kokaistudios是否会强调自己的设计品牌特色?

高 建筑师这个职业从诞生以来，一直有一个悖论：建筑师的角色是什么，是一位艺术家，还是匠人?所以，这个职业是应该给人们带来一种源自个人思考的强烈风格，还是完全服务于世人?当然，回答一定是两者兼顾。

Kokaistudios是一家设计事务所，设计项目时必须以业主的视角或者市场的需要来做设计，为最终将使用这些空间的人服务。我们不是做一个“Kokaistudios”出品的设计品牌，而是在帮业主设计他们的品牌。人们会去买个“菲利普·斯塔克”的设计品，但人们来我们这里是来购买我们面对客户度身定制的设计服务。不可否认的是，设计空间总会有些微妙的情绪或是感觉蕴含在内。也有客户会从我们挑选的材料、空间的设置上发现一丝我们的身影。

ID 您怎么看中国室内设计的未来?

高 10年前，国际上知名的室内设计或者建筑公司，一年差不多只有10%的项目位于亚洲，也没有一家设计公司会在亚洲建立分公司。今天，这些公司一年承接的亚洲项目差不多占了整个业务量的70%，而50%的国际设计公司都在中国建立分公司，或者索性在中国创建新的设计事务所。亚洲，或者说中国变成世界的设计中心。我们认为中国市场依然是具备十足潜力的市场，可以说Made In China（中国制造）的标签，正在改变成Made For China（为中国制造）。

ID 您怎么看待设计媒体的未来?

高 新媒体是全新的工具，可能带来好处，也有坏处。我认为杂志需要以一种非常强烈的话题性去影响读者，而不只是简单的图片呈现，或者泛泛而谈。有时候报道出现的那种“图片上的建筑”，反而无法在真实的建筑中找到类似的感觉。我觉得任何时代都需要能提供独立看法和观点的媒体。END

1 2	4
3	5 6

1-3 外滩 18 号（2004 年，上海）

花费了漫长的修复改造过程，仅为了洗净墙面动用了 30 名工人，使用牙刷大小的刷子花费 2 个多月时间仔细地清洗。在改建过程中保留了亚光色的大理石柱以及被誉为外滩建筑中最美的铜门

4-6 淮海路 796 号江诗丹顿之家（2008 年，上海）

基于对基地原貌特征和用材的深入调研，极其细致地修复建筑原室外地面和细部，用现代手法将贵重材料运用于新建筑的建筑设计中，平衡及融合原建筑新古典主义风格与新建建筑的现代风格

1 2	4
3	5

1-3 Y2C2 餐厅（2013 年，上海）

设计出优雅与前卫并存，古典与现代融合的餐饮设计新风尚

4-5 lounge18（2008 年，上海）

在入口处，设计了两堵背景墙，视觉上将休闲吧隐蔽在 2 个入口通道背后，为客人提供了 3 种体验选择，是进入休闲吧的不同风格区域，或是去艺术画廊体验一番

1	3 4
2	5

1-2　OCT 华侨城苏河湾展示厅（2012 年，上海）
延伸历史肌理，创造灵动空间，重现昨日光辉

3-5　江诗丹顿展示厅（2013 年，英国伦敦及北京）
现代格调以传统细节调味的基调下，设计出蕴含丰富文化韵味的空间氛围

VACHERON CONSTANTIN
VACHERON CONSTANTIN
VACHERON CONSTANTIN
VACHERON CONSTANTIN
VACHERON CONSTANTIN

1	4 5
2 3	6

1-3 K11 购物艺术中心（2013 年，上海）

秉持"艺术、人文和自然"的信念为上海商业开启新篇章

4-6 历峰集团上海嘉里中心（2014 年，上海）

与历峰集团通力合作，营造一个具有代表性并兼具各知名品牌独特性的办公与展示空间

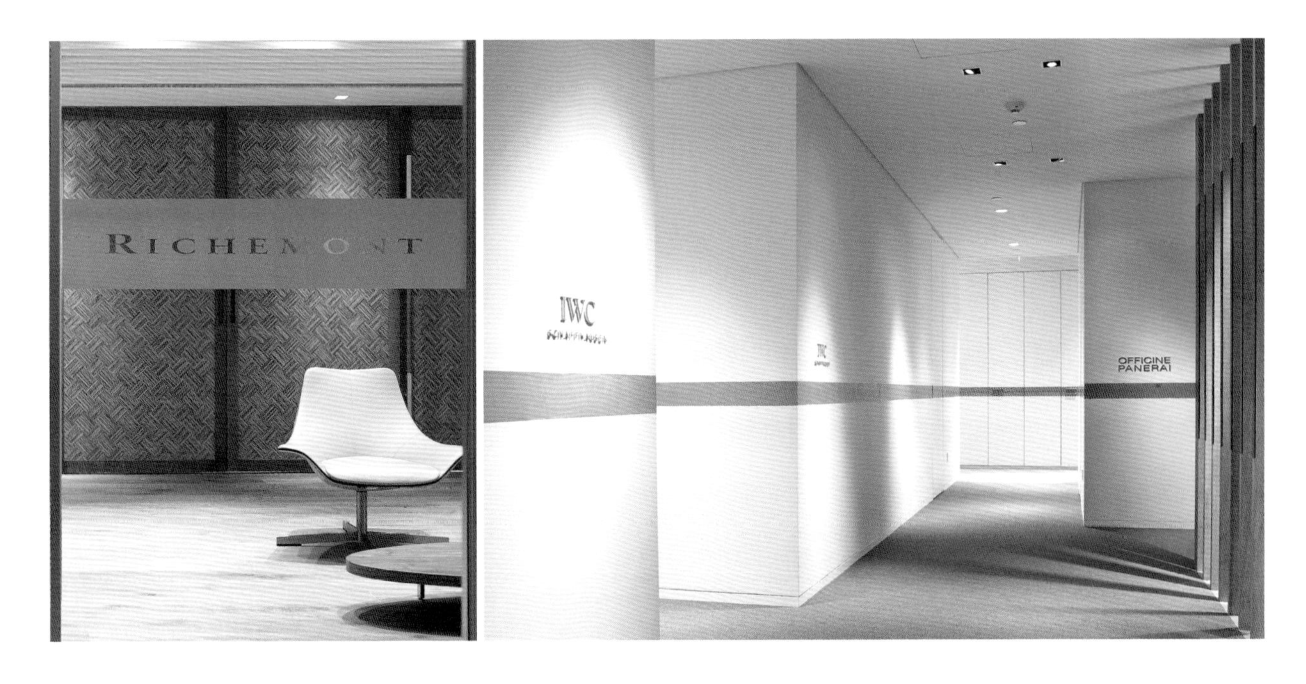
RICHEMONT
IWC
OFFICINE
PANERAI

ID 1997年成立工作室至今，您觉得设计领域发生了哪些巨变?

梁 随着中国经济的快速发展，人们的生活水平不断提高，对设计的需求与日俱增。例如从当前在香港及大陆精装修交付的越来越普遍，便可看出大众对生活质量的追求在提高，这也为设计师带来更多机会。不少世界顶尖的设计师纷纷来华开展创作,而本土设计也成长很快，使得竞争日益激烈，推动了整个市场的发展。

过去，开发商和公众大多认为奢华繁复的古典风格才是豪宅标准。现今大众的眼界更加开阔，对设计的认识日趋成熟和多元化，更青睐“以人为本”、兼具美学功能合宜的设计。与此同时，现代人的工作、生活节奏紧张，越来越多人崇尚简单、自然的生活方式。与之相应的现代设计风格逐渐成为主流，并可通过别具风格的家具陈设，彰显个性化品位。

ID 设计领域的事件能成为公众也会关心的话题，这些变化是您过去预想到的吗?

梁 如之前所说，近年来公众的审美素养日渐提升，对设计艺术更为关注。这也得益于广大设计师多年来的持续努力，为人们呈现美好的空间环境。其实设计本是源于生活，与公众密不可分。我也一直认为设计师不仅仅是为客户设计特定的空间或产品，更应用心体验生活的每个层面，透过专业的设计与大众分享生活的艺术，甚至是引导其生活态度。相信随着国内设计水平的提高，公众也会更多地参与设计领域的互动。

ID 面对当下的中国市场，公司的定位是否发生变化?

梁 结合当前的市场情况，我的公司将进一步拓展业务范畴和项目地域，使设计多样化、专门化。因此，我在近期成立了“梁志天酒店设计有限公司（Steve Leung Hospitality Ltd. 简称SLH）”，积极拓展酒店、服务式公寓及餐厅项目等设计业务。另一新品牌“梁志天国际有限公司（Steve Leung Exchange Ltd. 简称SLX）”旨在成为开发商与国际设计师之间有效的沟通平台与桥梁，协助设计师拓展中国业务，并提供设计后期及施工配合工作，透过三方合作达到共赢的局面。

ID 在CIID厦门年会的讲座里，您分享了香港的生活经历对您自己设计的影响，那么在中国（内地）的经历，有影响到您自己的设计立场与对设计的理解吗?

梁 中华文化博大精深，无论是香港还是内地，都植根于传统文化的深厚土壤。受中国传统观念的熏陶，我一贯以恰到好处为做事原则，用最适当的方法，在光线、空间比例、色彩配搭等方面做到恰到好处，达到最佳的效果，展现中国人的中庸之道。同时，因为中国地域辽阔，故在内地做项目时，我会以现代的设计手法糅合当地的文化艺术等元素，打造和谐且各具特色的设计，让不同地方的人们都可以和我一样“享受生活·享受设计”。

ID “梁志天设计”在中国，已经成为中国室内设计发展历史中一个重要现象，在您进入中国（内地）市场之前，中国的商业化室内设计还停留在“环境艺术”概念上，您觉得哪些是中国本土设计师需要改善或者提高的?

梁 我认为本土设计师应充分认清自己的强与弱，从自身的文化基础上发展出自己的设计特色；同时也要培养国际视野和潮流触角，增强对新科技、新材料的认知。相信只要大家继续努力、坚持原创、紧握机会，中国设计走向世界将指日可待。

ID 对于中国的设计媒体，能否分享您的体会与建议?

梁 设计媒体作为专业交流的平台，不但为设计师提供丰富的前沿资讯，也为公众打开一扇了解设计与生活的窗口。希望中国的设计媒体能够充分发挥桥梁作用，不但把世界各地的顶尖创意带到国内，更要关注国内设计师的成长，从中发掘优秀的设计人才和作品，促进行业的良性发展。END

1	4 5
2 3	6

1-3 香港W酒店星宴中餐厅（2009年，香港）

摒弃中餐厅传统的金碧辉煌，以现代的手法，揉合怀旧的情怀，将香港繁华的街道风貌呈现于W酒店全球首间中餐厅星宴，展现狮子山下中西文化交融的情怀

4-6 天汇复式公寓（2009年，香港）

位处半山尊贵地段、居高临下，尽收维港两岸胜景，得天独厚；设计师充分发挥这个单位的地理优势，透过现代的手法、雅致流丽的笔触，刻画出非一般的高贵时尚格调

An Nam

1	3
2	4

1-2 越南餐厅安南（2013年，香港）

以现代的笔触、具标志性的湖水绿色为主调，配合来自越南的传统陶瓷地砖及仿古家具装饰，建构出集东方美与法属殖民地色彩的越南风格（Indochine）特色现代空间

3-4 苏州棠北浅山别墅（2012年，江苏苏州）

位于苏州独墅湖中唯一的独岛之上，属首个引入国内、以设计品牌为主题的别墅。特别选用意大利纯手工定制家具等世界级的设计品牌，表现梁氏现代简约的设计风格

| 1 | 4 |
| 2 3 | 5 6 7 |

1-3 黄山雨润涵月楼酒店（2013年，安徽黄山）

酒店占地10万平方米，为现时当地最大的度假村。以现代中式设计为题，选用大量天然黑麻石、黑檀木等材料，加上富东方气息的家具及摆设，令整个度假村处处洋溢古朴的中式意韵

4-7 INKSTONE（2012年）

与意大利著名浴室洁具品牌NEUTRA合作的首个浴室洁具系列。以"墨砚"为灵感，选用的颜色、形状和纹理与传统墨砚相若，透过NEUTRA精湛的磨石工艺，展现材质的独特魅力

CENTRAL/CENTRAL

1 2 3

1-3 CENTRAL/CENTRAL 商场（2011 年，香港）

项目坐落中环高级时装及商业区的核心地带，设计师以白色为主轴，加上流线型的设计贯穿整个空间，加强空间感及视觉效果，使整个购物空间化身成和谐自然且富艺术感的时尚国度

曾群：
中国建筑的生动就在于错综和丰富

QUN ZENG:
CHAOS MAKES CHINESE ARCHITECTURE ALIVE

采　访｜宫姝泰
资料提供｜同济大学建筑设计研究院

作为同济大学建筑设计研究院的中坚力量，建筑师曾群是低调而犀利的。
他以综合决策者界定自己的身份，在大院建筑师、团队管理者、自由建筑师和跨界者中从容转换，
以冷静而高出专业的目光洞悉设计行业脉络的发展。
建筑的十年，在他的眼中与中国当代经济社会发展的脉络紧密相连，而他的目光也投向了中国建筑纷繁复杂的未来。

ID =《室内设计师》
曾 = 曾群

曾群，1968 年生于江西。1989 年获同济大学建筑系工学学士学位，
1993 年获同济大学建筑城规学院建筑系建筑学硕士学位。
1999 年就职于美国洛杉矶 RTKL 事务所，1993 至今在同济大学建筑设计研究院（集团）有限公司工作。
现任同济大学建筑设计研究院（集团）有限公司副总裁、副总建筑师，教授级高级建筑师，国家一级注册建筑师，
同济大学建筑城规学院硕士生导师及客座评委，世界华人建筑师协会创始会员。

ID 您觉得十年间行业有什么变化呢?

曾 现在行业的发展状况,70%是十年前期望到的,30%是没有想到的。十年前建筑行业已经开始迅速发展了,所以建筑师工作性质没有特别大的改变,只是工作程度有了变化。比如2000年一年做2个项目,现在可能是4个;当年团队不到50个人,现在已经超过200人。这十年是量的变化,但也是质变。十年前中国只是期待量能够赶上别人,当量达到一定高度,整个国家的心态也变化了,会去追寻品质的突破。设计也是,随着中国经济和大环境的发展,到了一定量的时候,发现我们设计的东西也在接近世界一流了。十年后中国也有人获得了普利茨克奖和诺贝尔奖,十年前这都是不可想象的。但这些都是积累后达到的,不是一蹴而就,是量变引发质变。

ID 您个人设计工作上有什么变化呢?

曾 十年前考虑更多的是项目本身的问题,比如甲方要求、投资经济。十年后会考虑得更宽广,比如环境、城市的问题,或者像情感这种受众并没有注意到的东西。对我自己来说,工作性质其实变化不大,只是在具体项目时面对的挑战不一样。

ID 您觉得十年间,在业主身上看到了什么变化?

曾 跟建筑师比起来业主的变化更大。十年前业主对建筑的认识也非常单一,但是随着信息化和社会的发展,业主开始专业,反而可以对建筑提出新的要求。比如无桌化办公中的公用电脑和可调桌椅,这种空间和生产变化就肯定不是建筑师自身设计带来的,而是其他行业带来的。

ID 您的设计过程有什么阶段性的转变吗?

曾 我跟一毕业就对设计很感兴趣的人不太一样,没有"根正苗红"地出国读书,一开始我觉得设计很没趣。大约2000年左右我才觉得可以把这项工作做得有意义,钓鱼台国宾馆算是一个机遇。1990年代我作为草根在社会上混设计,建筑、室内,什么都做,也没有看得很严肃。这跟中国整个设计环境也有关,当时会觉得这个行业状况很差、没有前景,中国行业的水平距离世界一流太遥远。1999年出国工作给了我很大的触动。所以新世纪才真正对设计感兴趣,这已经是毕业十年了。从这个方面来说我是先实践,再回到学术。当然我没觉得这有什么不好,这十年对我的帮助很大。接了地气再做设计,我希望自己的设计能飞,也落得了地。

ID 讲到从实践回到学术,您对建筑的本质有什么认识?

曾 我觉得建筑学的本体构成其实相当宽泛。比如很多人强调建构,我认为建构只是其中一方面,建筑本身的结构、材料等,都是不可或缺的方面。我自己比较关注大一点的方面,比如城市的问题。我喜欢做大都市建筑,要解决的问题错综复杂。同理我也喜欢做大建筑。量大引起质变,一个问题是一个问题,两个问题是两个问题,但当问题变成十个甚至更多,就会交叉影响产生更多的挑战。我认为建筑学的本质是,因为要建造这个房子,各方面带来很多的矛盾,设计是去解决这些矛盾的过程。

ID 对于年轻人和年轻团队的培养,您是怎么做的呢?

曾 首先要在团队里建立一种好学的气氛,现在不同以往,信息传递很方便,自学反而很重要。这个气氛建立起来,团队里大家对设计都热爱,就会在专业上互相较劲,谁都不想落在后面。还有一个,在进行商业追求的同时,也要坚持对专业学术的追求。我们这里的员工素质真的非常好,他们从本科、研究生出来,都是带着对专业的理想和追求,有了这种企业文化的熏陶和对专业的热爱,他们工作、学习会很自觉。

ID 您觉得未来建筑设计的发展趋向会是怎么样的?

曾 我认为首先是多元化。很多人认为中国建筑已经多元化了,各行其道,我倒是觉得中国建筑还是单一的。比如政府主导项目以形象为主,这个现在还没有改变。未来就不同,可能会以公众为重心,比如最近我们在深圳做的一些政府主导的项目,就对如何让公众参与和公众走进去非常关心。现在提"不做奇奇怪怪建筑",我解读这个观点是不要以形象来作为建筑的追求和评判建筑的标准,这又会对参数化建筑带来新的影响。在中国,可能性是无穷的,很多因素交织在一起。我觉得不要被建筑学专业这个观念局限住自己的视野,整个社会、生活、政策结合在一起出来的东西非常丰富,中国比其他国家都丰富,它的结果远远超出专业思想对建筑的影响。这才是中国建筑最为生动的地方。

ID 对于近年来建筑师明星化和公众逐渐开始关注设计,您有什么看法?

曾 公众关注设计应该是一个好现象吧。中国所谓的明星化更多的是在学术层面和教育层面,这也是多元发展的一个体现。以前找院士找大师,现在是多语境多角色的格局,官方和明星并存,大师和草根并存。这是跟十年前非常不一样的。

ID 请对《室内设计师》和设计媒体提出您的建议。

曾 我觉得我们现在建筑媒体的趋同性太强了,一个东西好,四五家媒体同时报道。如果没有差异化,大家的未来都会比较惨淡。未来还是需要个性化、差异化,需要在某一方面做得比较深入。END

1	3
2	4 5

1-2 钓鱼台国宾馆芳菲苑（2002 年，北京）
国事活动的重要场地之一，现代主义建筑手法对中国历史与现实的呼应。十字轴线组织了内部复杂功能；屋面开阔舒缓，采撷唐风；材料现代合宜，从纳如流

3-5 同济大学传播与艺术学院（2009 年，上海）
矩形的混凝土盒子作为建筑的主体，特殊功能空间在其上均质地随意穿插。以自由形体组合消解建筑体量，同时在屋面形成可自由穿越的内外空间

1	3
2	4

1-4 上海世博会主题馆（2010年，上海）
展览空间。"城市屋面记忆"与"出檐深远"为空间意象母题，简洁的平面中创造三个中国之最：最大矩形无柱空间，最大单体太阳能屋面和最大绿化墙面

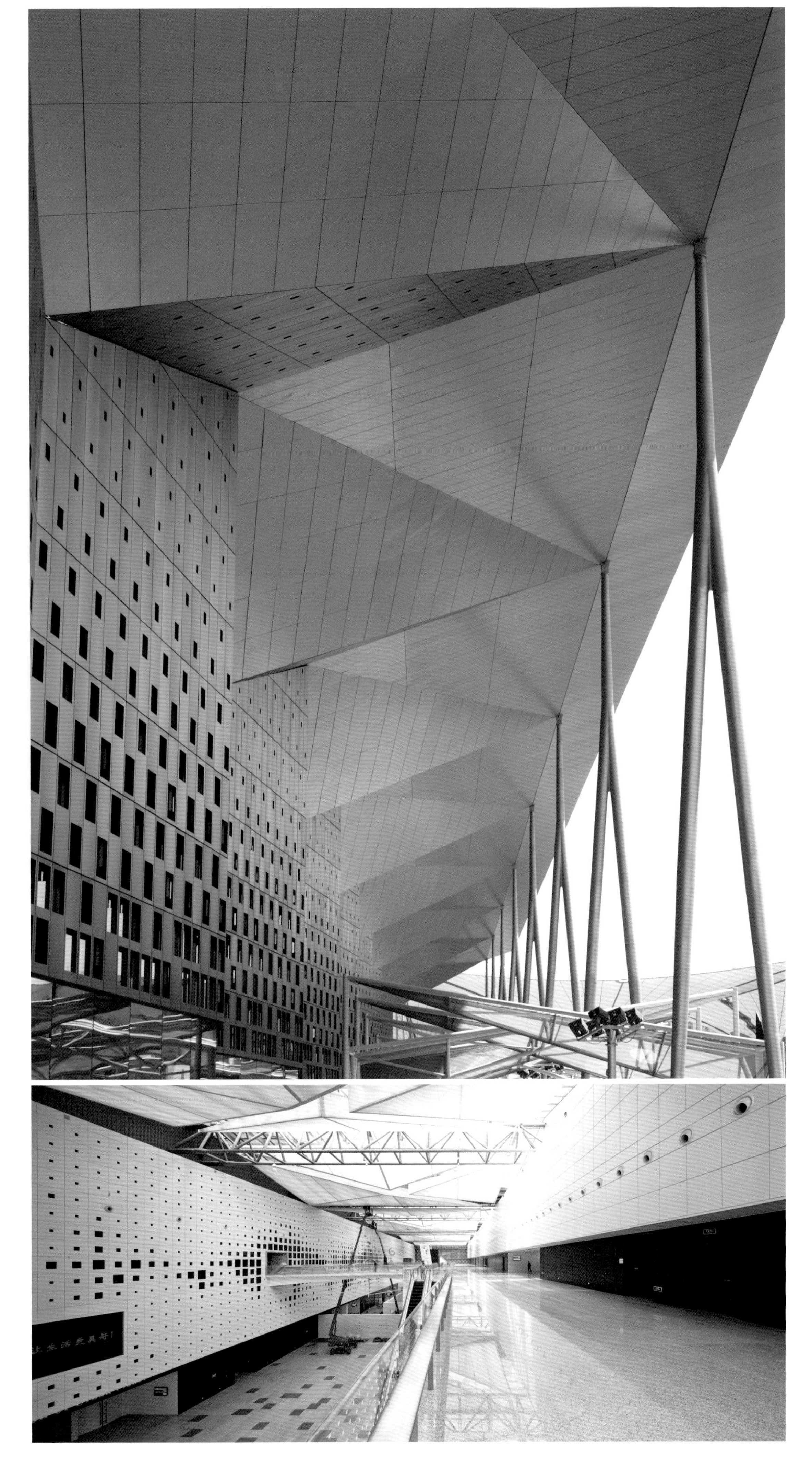

1	3
2	4 5

1-5 同济大学建筑设计院新大楼（2011年，上海）
原巴士一汽停车库改造，保留原有三层混凝土结构，两层加建钢结构以“玻璃盒子”轻盈之态叠摞其上，破楼板开中庭以利采光通风

1 2 | 3

1-3 西岸瓷堂（2013年，上海）
滨江步行区实验小品，江边"油罐"与"水泥库"的记忆碎片，预制的菱形瓷片包绕成表皮在圆形平面中螺旋上升，光影通透的偶然空间

2015欢迎订阅

中国建筑工业出版社 主办 逢双月5日出版
开本 230×297mm 224页 全年定价280元

视点
主题
解读
教育
实录
人物
专栏
谈艺
事件
链接
资讯

邮局汇款

收款单位：上海建苑建筑图书发行有限公司
地　　址：上海市制造局路130号1105室
邮　　编：200023

银行汇款

开 户 名：上海建苑建筑图书发行有限公司
开 户 行：中国民生银行上海丽园支行
帐　　号：0226 0142 1000 0599

联系方式

电话|传真：021-5158 6235
联 系 人：徐皜

读者信息

姓　　名 ______________________________
职　　业 ______________________________
邮寄地址 ______________________________
单位名称 ______________________________
邮　　编 ______________________________
订阅时间 ____年__月 至 ___年__月/共__期
汇　　款 ____________ 小写 合计____元
电　　话 ______________________________
电子邮件 ______________________________

*汇款后请将本征订单连同汇款凭证邮寄或传真到上述地址